中国地理标志农产品丛书

静宁苹果

静宁县苹果产销协会 编著

中国农业出版社
农村读物出版社
北京

图书在版编目（CIP）数据

静宁苹果／甘肃省静宁县苹果产销协会编著．—北京：中国农业出版社，2021.12

（中国地理标志农产品丛书）

ISBN 978-7-109-28927-7

Ⅰ.①静… Ⅱ.①甘… Ⅲ.①苹果－果树园艺－静宁县 Ⅳ.①S661.1

中国版本图书馆CIP数据核字（2021）第239230号

中国农业出版社出版

地址：北京市朝阳区麦子店街18号楼

邮编：100125

责任编辑：陈 瑨

责任校对：沙凯霖

印刷：北京缤索印刷有限公司

版次：2021年12月第1版

印次：2021年12月第1次印刷

发行：新华书店北京发行所发行

开本：700mm×1000mm 1/16

印张：11.25

字数：260千字

定价：98.00元

《中国地理标志农产品丛书·静宁苹果》
编辑委员会

《中国地理标志农产品丛书·静宁苹果》
撰稿人员名单

综　　述　王　娜

地理环境　梁　娟　　王　娜

品质特色　李　恒　　艾炳伟　　王晓宏　　李鹏鹏

人文历史　刘金保　　王稳登

生产管理　王田利

品牌建设　徐武宏　　杨　昀

产业拓展　王小龙　　赵福社　　李　恒　　胡小牛　　邹旭龙

重点基地　胡丁强　　李荣良　　吴振军　　张显东　　王健仁　　张　磊
　　　　　　桑堆堆　　王小龙　　李玉龙　　李双全　　马喜院　　贾攀兵
　　　　　　樊富琴　　曹红霞　　王晓宏

知名企业　贾宏胜　　何鹏虎　　郭双子　　马建宁　　王怀礼　　马步昌
　　　　　　王娟娟　　李娟淑　　程宝林

人物风采　王　娟　　王晋麟　　王晓宏　　郭双子　　薛淑娟　　艾炳伟
　　　　　　郜娜娜　　吕润霞　　王小龙　　常晓良　　李娟淑　　何鹏虎
　　　　　　王宏乾　　赵有红

大 事 记　徐武宏

序

　　静宁是古成纪始建之地，是传说中华夏人文始祖伏羲的诞生地，也是古丝绸之路的必经之道，这里历史悠久、人文积淀深厚。红军长征时五次经过静宁，给这里留下了厚重的红色基因和精神遗产。历史上，静宁县是一个自然条件严酷、干旱少雨的贫困县，如何摆脱贫困、实现脱贫纾困、走上富民强县之路，是静宁历届县委、县政府思考的重大课题。20世纪80年代以来，历届静宁县委、县政府把苹果产业作为主导产业来抓，引良种、建基地、强技术，不断完善产业链条，内抓质量，外树品牌，一届接着一届干，一张蓝图绘到底。2020年，全县苹果栽植面积稳定在100万亩以上，挂果果园面积达68万亩，年产优质苹果82万吨，产值达到45.92亿元。"静宁苹果"已拥有地理标志保护产品、中国驰名商标、有机

治平河流域20万亩良好农业规范认证基地

产品基地认证、国家级出口食品农产品质量安全示范区等8张国家级名片，以及
"中华名果""中国果品区域公用品牌价值十强""全国绿色农业十大最具影响力
地标品牌"等17项国字号荣誉，静宁县先后被农业农村部、国家林业局、中国果
品流通协会等评定为"中国苹果之乡""全国经济林产业百强示范县""全国现代
苹果产业10强县（市）""中国特色农产品优势区（第二批）"等。在国内的一些
重大展会中，静宁苹果以其优良的品质屡屡斩获大奖。2020年，静宁苹果品牌价
值达到158.95亿元，仅次于烟台苹果，稳居全国苹果品牌第二位。

　　艰难困苦，玉汝于成。经过40年的发展，苹果已成为静宁人民的脱贫果、致
富果、幸福果，苹果产业成为静宁县巩固脱贫成果、推进乡村振兴的支柱产业。
可以说，一颗小小的苹果不仅成为静宁人民脱贫致富奔小康的坚实依靠和产业支
撑，也是习近平总书记"绿水青山就是金山银山"这一理念在平凉市乃至甘肃省
的生动实践。我在平凉工作时，曾数次深入静宁，同静宁的干部、企业家、果
农攀谈，谋求果品产业长足健康发展之道，希望苹果产业能托起静宁人民的致
富梦，"静宁苹果"这面旗帜能够成为现代农业发展的品牌样板。十分欣慰的是，

目前静宁县正在继续突出抓好苹果的扩量、提质、创牌、增效四个重点，着力在提升质量、做强品牌、开拓市场、增加效益方面做文章，加快由苹果大县向苹果强县、绿色果品向有机果品、传统果业向现代果业的跨越，真正实现"果业强、果农富、果乡美"。

静宁县苹果产销协会是依托静宁县市场监督管理局成立的。早在几年前，就牵头制定了《静宁苹果区域公用品牌发展战略规划》，并得到了静宁县委、县政府的一致通过，成为静宁苹果区域公用品牌的发展

静宁苹果雪里红

纲领和行动指南。他们不仅是地理标志产品"静宁苹果"的监督管理者，而且是地理标志证明商标"静宁苹果"的守护人。2021年，静宁县苹果产销协会又积极向国家市场监督管理总局成功续展了"静宁苹果"地理标志证明商标，并做了保护性注册。

事非经过不知难。"静宁苹果"这块金字招牌，能有今天的巨大商业价值和良好社会形象，与这些基层同志的责任担当、默默付出分不开。如今，当他们送来这部书稿，并叮嘱我作序时，我欣然从之。该书洋洋洒洒20余万言，图文并茂，条目清晰，资料翔实，既对40年来的果品培育经验、发展成就做了概括和总结，也为以后调整果品产业发展思路提供了可靠依据，同时还对重要的事件、企业、人物都有所收录和反映。盛世修书，我相信该书的出版，必将为进一步提升静宁苹果的品牌竞争力、助推静宁乃至平凉果品产业高质量发展、全力打造中国苹果品牌典范、促进农民增收、助力乡村振兴起到十分重要的作用。

40年来谋一果。静宁的苹果产业能有今天的大好局面，源于党中央好政策的引领，也凝结了48万名静宁县干部群众的汗水和心血，它是物质的更是文化的。

静宁县文屏山广场

静宁苹果文化已经和成纪文化、红色文化汇聚在一起，形成了一种巨大的文化力量。我相信，这种宏大的力量必将激励和推动着这里的人民，在新时代实现"中国梦"的伟大征程中，书写好更为出彩的静宁故事！

　　是为序。

甘肃省政协副主席、平凉市原市委书记

郭承录

2021年8月

目 录
C O N T E N T S

序

9　知名企业 89

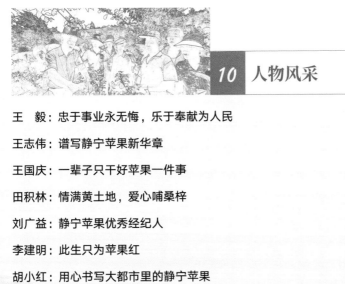

附　录　132

 综　述

　　素以"羲皇故里"闻名远近的甘肃省平凉市静宁县，不仅有着悠久的历史、灿烂的文化，而且树起了"中国苹果之乡"这块金字招牌。在这块地处黄土高原丘陵沟壑区、干旱少雨的旱作农业县和国家乡村振兴重点帮扶县，静宁历届县委、县政府团结和带领全县广大干部群众，发扬崇尚科学、求富思变、艰苦奋斗、自强不息的优良传统，把发展苹果产业作为振兴农村经济、增加农民收入的战略性措施，发动群众向山地、川区进军，修梯田、建果园，持之以恒地推进苹果产业开发，取得了令人欢欣鼓舞的成绩。40年栉风沐雨，40年果业辉煌，48万名静宁干部群众用智慧和辛勤的汗水，走出了一条科学发展苹果产业的康庄大道。

艰辛的发展历程

　　静宁县苹果产业发展大体经历了零星栽植、探索起步，政府引导、示范推广，规模化扩张、产业化经营，转型升级、跨越发展这四个大的阶段。从20世纪80年代初家庭联产承包经营到1987年，静宁县仁大、李店、治平等南部乡镇部分群众传承庄前屋后栽植果树的习惯，自发零星栽植果园。虽然因布局分散、疏于管理而收益微薄，但让生活十分困难、渴望改变贫穷面貌的老百姓看到了脱贫致富的希望。1988年年初，静宁县委、县政府在深入调查研究、反复对比的基础上，因地制宜，因势利导，出台了《关于发展果树生产的决定》，掀起了全县第一轮建园热潮，当年新植果园2.4万亩❶。经过15年的努力，果品产业由川区向山区、由中南部向西北部推进，2002年全县果园面积发展到20万亩，形成了一批果园"万亩乡""千亩村"和果品收入"万元户"，进一步坚定了全县上下以果兴农富农的决心和信心。

　　2011年静宁县第十六次党代会以来，县委、县政府在总结实践经验、科学判断形势的基础上，提出了建设"百万亩优质苹果生产大县"的发展目标，着力在均衡南北扩规模、打响品牌兴产业、突出特色建龙头、两头延伸增效益

20世纪80年代中南部乡镇掀起第一轮建园高潮

---

❶　亩为非法定计量单位，1亩＝1/15公顷。——编者注

上下功夫，制定出台了《关于进一步加快苹果产业发展的意见》《关于加快推进苹果产业转型升级创新发展的意见》，从项目配套、品牌保护、技术支撑、信贷贴息、链条延伸等方面加大对苹果产业的扶持力度，加大招商引资力度，积极兴建金果博览城和发展苹果加工项目，使龙头企业由单一的贮销型向贮销、加工、配套型多元化方向发展，产品销售由拓展国内市场向国际、国内市场并重转变，产品的知名度由地方产品向知名品牌提升，形成了区域化布局、规模化发展、标准化生产、产业化经营、一体化服务的发展格局，带动和促进苹果产业迈上了一个新的台阶。

显著的发展成效

静宁历届县委、县政府咬定苹果产业发展不放松，持之以恒地抓，锲而不舍地建，40年的发展历程，铸就了苹果产业发展的辉煌成绩。

一是规模优势明显。静宁独特的地域、气候、土壤特点，非常有利于苹果生产，被农业农村部列入"黄土高原苹果优势区"。多年来，全县立足地处黄土高原苹果优势产业带的区位条件，坚持政府推动、市场主导、产业集聚、多

静宁县葫芦河流域苹果产业基地

元发展的思路，持之以恒地推进苹果产业提质增效，建成南部十乡百村优质苹果生产示范区、葫芦河流域现代果品高新技术示范区和产业融合发展示范区，创建了仁大镇、李店镇等12个果园化乡镇和治平镇雷沟村、城川镇吴庙村等149个果品专业村。2020年，全县苹果果园总面积稳定在100万亩以上，挂果果园面积达68万亩，户均10.6亩，人均2.34亩；年果品总产量82万吨，产值45.92亿元；果农年人均果品收入7300元，占农民年人均纯收入的70%以上。静宁果品远销欧盟、俄罗斯、北美、东南亚等17个国家和地区，累计直接出口果品26.2万吨、果汁0.68万吨，累计创汇21.2亿元。

静宁县李店河流域苹果出口创汇基地

二是品牌效应凸显。"静宁苹果"先后获得地理标志保护产品、绿色食品基地认证、良好农业规范基地认证、有机产品基地认证、出口基地认证、无公害农产品基地认证、中国驰名商标和国家级出口食品农产品质量安全示范区等8张国家级名片，以及"中华名果""中国果品区域公用品牌价值十强"等17项荣誉称号。静宁县先后被农业农村部、国家林业局、中国果品流通协会等评为"中国苹果之乡""全国经济林建设先进县""全国经济林产业百强示范县""中国优质果品之乡""中国果菜无公害十强县""全国兴农富农工程果业发展百强优质示范县""全国现代苹果产业10强县（市）""中国果业扶贫突出贡献奖""中国特色农产品优势区（第二批）"。2020年，"静宁苹果"品牌价

高原红富士苹果基地

值达到158.95亿元。

三是产业集群形成。静宁县建成常津公司、恒达公司等贮藏营销型、包装配套型、加工增值型涉果企业410家，其中果品生产贮藏企业343家、包装配套企业59家、深加工企业8家；全县果品贮藏能力达到63万吨，加工转化能力达到12万吨；年生产纸箱3.3亿米^2，年产值11亿元，占甘肃全省的1/3；组建专业合作社、家庭农场等新型经营组织达到616家，集约化、规模化示范引领效果显著，形成了以大企业为引领，中小企业为支撑，合作社为纽带，家庭农场、种植大户和果农参与的高度集成的组织化体系；形成了种苗繁育、技术推广、贮藏增值、加工转化紧密衔接，产前、产中、产后相互配套的产业体系。

四是市场体系完善。静宁县形成了以乡镇产地专业市场为依托，以农民专业合作经济组织、农民经纪人为补充，以快递物流、连锁配送等现代流通业态为先导的苹果市场体系。建立了覆盖全国30个省份的鲜果销售网络，取得了俄罗斯、泰国、科威特及中东等国家的出口认证；建成了金果博览城大型综合市场电子交易平台、静宁县冷链物流中心和静宁县电子商务物流中心；开通了静宁苹果网、苹果采购网，入驻了淘宝网"特色中国-甘肃馆"、京东"静宁苹果"扶贫馆，实现了静宁果品网上交易；成功进入上海大宗农产品市场和天津渤海商品交易所直销平台，郑州商品交易所交割库及京东云仓落户静宁，有力地促进了农超对接及网上销售。同时，制定了优秀营销企业（电商）、经纪人扶持奖励办法和直营店扶持补助办法，在北京、重庆等大中型城市设立了静宁苹果品牌形象店和直营店12家，创建了营销网店110家，形成线上线下融合发展的市场体系。

宝贵的发展经验

40年来，静宁苹果产业从无到有、从小到大，不断发展壮大，逐步形成了农民增收的"钱袋子"工程和拉动县域经济发展的"财柱子"工程，也探索总结出了一些成功做法和经验。

一是行政推动是产业发展之本。静宁历届县委、县政府始终把发展苹果产业作为增加农民收入、推进富民强县的重中之重，及时出台一系列促进林果业发展的决策部署，一张蓝图绘到底，一届接着一届干，不变调，不松劲，不停步，促进了苹果产业的快速发展。

静宁35度苹果体验园

二是干群联动是产业发展之基。始终把调动农民的积极性作为发展生态民生林业的首要环节，各级干部广泛发动，精心组织，深入田间地头，讲给农民听，做给农民看，带着农民干，让群众自觉投身到植树造林、栽果建园、发展产业的主战场，为苹果产业发展奠定了坚实基础。

三是典型带动是产业发展之策。坚持以创建标准化示范园为抓手，大力推

行联户干部帮扶、群众主体参与的果园示范点培育机制，建成了一批规模大、效益高、带动能力强的示范乡、示范村和示范户，带动苹果产业由点上突破向面上拓展。

四是科技驱动是产业发展之要。坚持科技是第一生产力，突出果业社会化服务体系建设，突出先进实用技术的集成应用，突出广大果农的技术培训，加强与科研院所的联合对接，聘请专家在技术服务、市场营销等方面进行全面指导，形成了以专家为核心、以果业协会和县乡技术人员为骨干的技术服务体系，为苹果产业可持续发展提供了智力支撑。

五是龙头拉动是产业发展之力。坚持以农业产业化支撑工业化，以工业化带动农业产业化，把苹果产业深度开发作为重点，扶持能人建办龙头企业，走产供销一条龙、贸工农一体化的产业化经营之路，延伸了产业链条，加快了地方工业发展，实现了小生产与大市场的有效对接，形成了具有较强抗风险能力的产业体系。

六是品牌促动是产业发展之路。坚持高标准定位，把大果业、大品牌、大市场作为苹果产业发展的新方向，加大宣传推介力度，做大做强"静宁苹果"品牌，不断扩大市场份额，切实提升产业效益。

广阔的发展前景

科学分析静宁县苹果产业发展现状，机遇实属难得，发展充满活力。静宁苹果品质位居国内产区前列，具有较强的市场竞争力；国家扶持优势产区、限制次生产区的产业政策导向和甘肃省、平凉市出台的一系列扶持优势产业、龙头企业的政策措施，有利于进一步做大做强苹果产业；广大农民增收致富的强烈愿望和积累的经验，为进一步推动苹果产业发展奠定了坚实基础。今后，静宁县苹果产业将按照深化供给侧结构性改革的要求，继续突出扩量、提质、创牌、增效四个重点，紧紧围绕全面推进乡村振兴加快农业农村现代化这一目标，坚持以项目为支撑、以企业为主体、以基地为依托、以科技为核心、以品牌为引领、以市场为导向，按照改造乔化、推广矮化、因地制宜、创新发展的思路，强化物质装备，提升科技水平，培养高素质农民，完善产业体系，创新经营方式，着力提升质量、做强品牌、开拓市场、增加效益，加快推进由规模扩张向质量和效益、由粗放经营向集约发展、由低效产业培育向高效市场对接转变，由苹果大县向苹果强县、绿色果品向有机果品、传统果业向现代果业跨越，使经济效益、社会效益、生态效益和人文效益相统一，真正实现"果业强、果农富、果乡美"。争取到"十四五"末，全县果园面积稳定在100万亩，挂果果园面积达到80万亩，生态果园面积达到50万亩，有机苹果认证面积达到30万亩，果品总产量100万吨，实现综合产值100亿元，农民人均年果品收入达到9500元，年贮藏能力65万吨，加工转化15万吨，出口鲜果10万吨、果汁2万吨以上，在生产管理、采后处理和市场营销等方面引领国内发展，并达到国际先进水平。

果乡新貌

C H A P T E R

地理环境

　　静宁历史文化源远流长，自新石器时代就有人类在此繁衍生息，是传说中华夏人文始祖伏羲的诞生地。汉置成纪、阿阳二县，隋唐属天水郡、秦州宋置陇干县，元置静宁州，取"平静安宁"之意。1913年，改为静宁县。1935年8月至1936年10月，红军长征5次途经静宁，毛泽东、周恩来、张闻天等中央领导曾在界石铺宿营。1949年8月6日，静宁解放，隶属定西。1950年5月25日，划归平凉管辖至今。2020年，全县辖24个乡镇、1个城市社区共333个行政村，总面积2193千米^2，总耕地面积147万亩，总人口47.84万人，其中农村居民36.36万人，以汉族为主，有回族、藏族等少数民族人口1210人。

地理位置

静宁县隶属于甘肃省平凉市，位于甘肃省东部、六盘山以西、华家岭以东，地理坐标为东经105°20′～106°05′、北纬35°01′～35°45′。县境南北长81千米，东西宽68.75千米，总面积2193千米²，是古丝绸之路东段中线上的重镇，素有"陇口要冲""平凉西大门"之称。312国道、静庄公路、静秦公路和平定高速公路穿境而过，区位优势明显。静宁地处北纬35°的黄土高原暖温带半湿润气候区，土层深厚，光热资源丰富，年均温度、降水量、日照时数等气候条件非常适宜苹果生长，是世界公认的苹果"黄金生产带"，被农业农村部划定为苹果最佳适生区之一。静宁县是国家乡村振兴重点帮扶县，地处甘肃省特色"现代丝路寒旱农业'一带五区'产业布局"的陇东农产品主产区，在苹果产业发展上具有得天独厚的区位优势。

静宁县城一角

地形地貌

静宁县属祁连褶皱系的向东延伸区，处于祁连山、吕梁山、贺兰山"山"字形脊柱南端马蹄形盾地的陇西系六盘山旋回褶皱带。地层以陆相岩层为主，其次为海陆交替相和浅海相沉积，部分地区有火成岩出露。静宁县地处黄土高原丘陵沟壑区，地势由西北向东南倾斜，海拔1340～2245米，地形为葫芦河

流域河谷川地、河谷盆地、丘陵坡地和梁峁地，有大小梁峁1098个，山梁总长1652千米，主要山梁有13条，以葫芦河为界，东侧为六盘山分支，西侧为华家岭余脉。

气候

静宁县属暖温带半湿润半干旱气候，四季分明，气候温和，光照充足。冬季被蒙古高压所控制，地面多东北风；夏季被大陆低压所控制，降水机会增多。全年无霜期159天，年均日照时数2252小时。年平均气温约8.3℃，最高气温33.9℃，最低气温−25.7℃。7月最热，月平均气温19.6℃；1月最冷，月平均气温−7.0℃。日均温差12.1℃，光热资源丰富，温差大、降水量适中。降水分布时空不均匀，夏季较多，冬春季较少，年均降水量423.6毫米，年均蒸发量1469毫米，自然降水利用率低，平均相对湿度67%。年均风速2.3米/秒，风向以南风为主，其次为偏北风，最大风速17～20米/秒。静宁县年均温度、降水量、日照时数、着色期、日照率等气候条件适宜，是以苹果为代表的北方水果的最佳栽培区之一。

由于独特的山地立体气候，静宁苹果依山区高地种植，更接近太阳，满足苹果树喜光的要求；果园位于山林之间，属低温干燥环境，昼夜温差大，利于

华家岭云海（静宁县红寺镇）

苹果的糖分合成；病虫害少，自然成熟，强紫外线，苹果呈现出独特的高原红色泽。由于生长环境不同，静宁苹果采收期比其他苹果产区晚很多，基本是从中秋节以后开始，持续一个多月。凌霜沐雪，是静宁苹果成长过程中的必修课。深秋时节，皑皑白雪覆盖着苹果，香脆诱人，苹果上冻结的水珠，晶莹剔透。经过降雪带来的巨大温差刺激，静宁苹果不仅颜色更加娇艳欲滴，而且甜度会继续增高，维生素C含量也会增长，水分充足，硬度、果糖、苹果酸等各种元素可与世界一流苹果媲美，真正成为脆、嫩、爽、香、甜的"水果之王"。

土壤

静宁县地层以陆相岩层为主，部分地区有火成岩出露。土壤为黄绵土、黑垆土、红黏土、新积土、潮土、沼泽土等六个土类，其中黄绵土为主要土类，占全县土壤面积的91.18%，分布于全县各乡镇的山坡和梁峁。土壤中有机质含量为0.92%，全氮为0.072%，速效磷为0.000 824%，速效钾为0.017 01%。土层深厚，通透性好，环境无污染，与美国、新西兰、法国等国家的著名苹果产区相近，非常有利于有机苹果的生产。静宁县经过多年苹果栽培管理的探索，土壤管理由清耕、多次中耕逐步过渡到覆盖免耕栽培，同时在苹果生长过程中利用现代生物技术，在土壤中深植有机微肥，向果树叶面喷洒富硒有机肥等有机肥料，更有利于树体健壮生长，苹果果实色泽更艳、果形更正、营养更高、味道更好。

水资源

静宁县是甘肃省18个干旱县之一，全县人均水资源占有量134米³，分别仅为全国、全省平均水平的1/12和1/8，生态环境脆弱，自然条件严酷，是典型的旱作农业县。河川径流主要靠降水产生，多年平均径流深度28.1毫米，年径流总量2.8621亿米³，其中外县入境2.2451亿米³、自产6170万米³。静宁县属渭河水系，县境以葫芦河为干流，东西两侧有长易河、狗娃河、高界河、红寺河、南河、甘沟河、李店河、甘渭子河、清水河等9条支流汇入，有东峡水库、鞍子山水库、西番沟水库等14座中小型水库，从北向南陆续汇集。全

悬镜湖

县水资源总量0.66亿米³，其中地表水资源量0.53亿米³，地下水资源量0.13亿米³，农田灌溉水有效利用系数0.54以上，重要江河湖泊水功能区水质达标率达到75%以上，主要富集于河谷川区的沙砾石层内。静宁县平均降水量基本满足苹果生长需求，近年来的覆膜、覆沙、覆草等技术措施，尤其是秋冬覆膜，已完全解决了山旱地果园苹果树体的水分需求。川水地利用地下水、河流水、小塘坝能实现苹果树园周年灌溉，部分苹果园配合喷、滴、灌设施，达到苹果树体水分的科学智能管控。

生物资源

据统计，静宁县林木有70多种，分属236科。杨、柳、槐、椿、榆为主要用材林木，分布较普遍。川区多植加拿大杨、北京杨、钻天杨、柳、槐，山区多植旱柳、山杨、臭椿、白榆、槐。主要经济林木有苹果、梨、杏、桃、花椒。药材主要有党参、南沙参、黄芪、甘草等近40个品种。花卉主要有野丁香、文竹、牡丹、玫瑰、月季等31个品种。野生植物有黄花、野韭、小蒜、苋麻、野胡麻、野荞麦等40个品种。静宁县发现的兽类有15种，鸟类27种，两栖爬行类13种，其他虫类多种。饲养动物以猪、静宁土鸡和牛、羊为主。

仙人峡

　　生物的多样性确保了静宁县生态系统的稳定性，为苹果的生长发育提供了长期、安全的自然环境。近年来，静宁县大力推行的落叶还田、枝杆粉碎还田、生草栽培、生物防治等措施，增强了果园生态调控的动态平衡能力，有效降低了苹果病虫害的危害程度，同时减少了化肥农药的使用量，降低了农药残留对环境的污染，提高了产品的安全性，为绿色、有机苹果的生产提供了保障。

苹果产地分布

　　全县现辖城关镇、八里镇、古城镇、威戎镇、仁大镇、李店镇、甘沟镇、界石铺镇、曹务镇、雷大镇、细巷镇、城川镇、四河镇、双岘镇、治平镇、红寺镇、原安镇等17个镇，司桥乡、余湾乡、贾河乡、深沟乡、新店乡、三合乡、灵芝乡等7个乡，共计24个乡镇，以及1个城市社区。

　　依据苹果生产条件，全县24个乡镇划分为三个区域：南部优生区为贾河、仁大、李店、治平、余湾、深沟、双岘、新店、雷大等9个乡镇，果园面积53.3万亩，户均17.82亩，人均4.05亩；中部适宜区为城川、威戎、红寺、细巷、甘沟、四河、古城等7个镇，果园面积34.2万亩，户均8.6亩，人均1.97

李店河流域果园

亩；北部次生区为城关、司桥、曹务、八里、界石铺、灵芝、三合、原安等8个乡镇，果园面积13.7万亩，户均4.58亩，人均1.04亩。

依据流域划分，主要有李店河流域和葫芦河流域。李店河流域位于静宁县南部，涉及仁大、治平、李店、贾河、余湾、雷大、深沟、新店、双岘等9个乡镇，果园面积53.3万亩，户均17.82亩，人均4.05亩，是静宁县果产业起步最早、管理水平最好、产业化程度最高的苹果主产区。葫芦河流域涉及城川、威戎、红寺、细巷、甘沟、四河、古城、城关、司桥、曹务、八里、界石铺、灵芝、三合、原安等15个乡镇，果园面积47.9万亩，户均6.9亩，人均1.56亩。静宁县逐步实现了果园全覆盖、生产标准化，建成了一批精品园、优质园、有机园等标准化示范园，成为名副其实的百万亩苹果生产大县。

品质特色

　　静宁县是农业部于2003年划定的黄土高原苹果优势产区之一。多年来，静宁县始终坚持走"科技培训、技术引导、示范推广"一体发展的路子，采取"抓点示范、以点串线、以线促面、辐射成片"的做法，大力推行"一年定杆、二年重剪、三年拉枝细管、四年挂果、五年丰产"的幼园早果丰产栽培技术和"树形改良、测土配方、均衡施肥、保肥节水、综合防治、单果管理、防灾减灾"的挂果果园提质增效技术。以标准化示范园创建为抓手，累计建成三级五类示范园96万亩，搭建防雹网2000亩，果园管理水平不断提高。2020年，全县盛果期果园平均亩产达3000千克，商品率95%，优果率80%。

外在感官质量特征

静宁苹果果实圆形或近圆形，个大形正，色泽艳丽，全面鲜红或浓红、色相条红或片红，着色度80%以上；果实整齐，果面光洁、无污染、无果锈；果形端正高桩、果顶圆形，果形指数0.85～0.95；果肉黄白色，肉质细，致密，松脆，汁液多，酸甜适度，香气浓郁，口感好，品质优。

"高颜值""颜值爆表"是静宁苹果留给消费者的第一印象，在为人们带来红火、甜蜜、平安、吉祥感受的同时，也为自己赢得了夺人眼球的货架效

静宁苹果个大形正、色泽艳丽

应。受高原日照强、温差大、凌霜沐雪等多重因素影响，静宁苹果比低海拔产区苹果的着色更为均匀，色彩也更为靓丽，表面会自然形成相对丰富的蜡质层。有消费者评价："如果说大红是性感的，粉红是可爱的，那静宁苹果就是性感和可爱的综合体，性感中带着清纯，清纯中透着性感。"另有业内资深人士从色泽、果形、口感、硬度、果面等五个方面，对新疆、甘肃、陕西及山东等四个红富士主产区的苹果做了比较，将甘肃红富士称作水果中的"高富帅"。这个美称放到静宁苹果身上，应该是实至名归。

内在理化品质特征

静宁苹果平均单果重259.8克，可溶性固形物含量14.0%～14.5%（国家标准为≥13%），维生素C含量高（检测值为7.1毫克/100克），可滴定酸0.3%～0.34%，糖酸比36∶1，硬度8千克/厘米^2，富含铁、锌、硒等人体需要的多种微量元素。经农业农村部果品及苗木质量监督检验测试中心（郑州）检

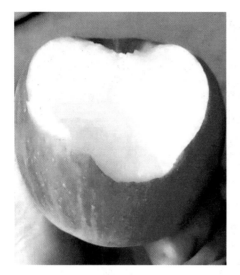

静宁苹果脆甜爽口、风味独特

测，静宁苹果内在理化、安全及农药残留指标均达到或超过国家规定的绿色苹果标准。

"脆甜爽口"是绝大多数消费者初尝静宁苹果的直观感受，这源于静宁苹果较高的含糖量和较大的硬度，这也是高原山地苹果的自然禀赋之一。静宁苹果酸甜适度的美妙口感，来源于静宁苹果恰到好处的糖酸比，可以唤醒你沉睡的味蕾。硬度高加上果面自带的天然蜡质层，让静宁苹果具备了货架期长、极耐储藏和长途运输的特质，能够让五湖四海的人们在更长的时间内品尝到这一人间佳果。

质量安全控制

为了确保静宁县苹果产业的质量安全和可持续发展，随着出口量不断增加，全县苹果生产以与国际接轨的生产标准来规范苹果生产管理行为。

（1）全县的苹果标准园依据《食用农产品产地环境质量评价标准》（HJ/T 332—2006)、《环境空气质量标准》（GB 3095—2012)、《绿色食品 产地环境质量》（NY/T 391—2013）等3个标准进行建设。

（2）全县苹果标准化生产依据《无公害食品 苹果生产技术规程》（NY/T 5012—2002)、《有机苹果生产质量控制技术规范》（NY/T 2411—2013)、《西北黄土高原地区绿色食品苹果生产操作规程》（LB/T 019—2018）等标准进行生产。

（3）采收后包装和运输是保证苹果的生理及品质的重要环节之一，包装、运输和贮藏依据《苹果、柑桔包装》（GB/T 13607—92)、《苹果采收与贮运技术规范》（NY/T 983—2015)、《苹果冷藏技术》（GB/T 8559—2008）等3个标准进行操作。

（4）在苹果标准化生产中严控投入品源头，防范风险，把控生产过程。在标准化生产中依据《肥料中砷、镉、铅、铬、汞生态指标》（GB/T 23349—2009）、《肥料合理使用准则 通则》（NY/T 496—2010）、《绿色食品 农药使用准则》（NY/T 393—2013）、《绿色食品 肥料使用准则》（NY/T 394—2013）、《农药合理使用准则（十）》（GB/T 8321.10—

由农产品质量安全监管部门制作的各类档案

2018）等标准来确保苹果生产和质量安全。

（5）以追溯为基础，用监管强化安全。静宁县按照建立与国际通行标准接轨的标准化生产体系的要求，编制了"静宁县苹果标准化生产技术操作规程""静宁县绿色农产品标准化生产技术规程汇编""农业投入品采购和使用档案""农产品收购环节进货档案""农产品储存环节销货档案"等一系列生产档案。全县累计100家省、市级龙头企业及农民专业合作社的苹果生产经营主体，在国家和甘肃省农产品质量安全追溯系统上进行了注册，并全面上传生产信息，奠定了全县苹果标准化生产的基础，强化了苹果质量安全体系。从生产档案记录和追溯平台中，能清晰地对生产投入品和生产过程进行追根溯源。

采收贮藏方法

采摘技巧：采摘者戴手套，轻捏苹果，带柄摘下，放进用棉布包裹的竹篮中；剔除碰伤、污点、伤痕苹果，按90、80、75、70、60毫米等分级戴膜入箱。

贮藏方法：果实采收后，置阴凉处自然预冷，然后选择无病虫害、无机械损伤、无霉烂的果实进行分级，阴凉干燥后装袋或箱筐进行贮藏。

贮藏要求：冷库贮藏以红富士品种为宜，苹果采收后要尽快预冷和贮前处

静宁苹果丰收季

理。自然条件下多放一天就会缩短贮藏寿命10~20天。因此，在标准化示范园区，果实采收后经过初步挑选分级或边采收边分级，一般在3~5天内及时入库贮藏。入库前对冷库进行消毒并将库温降至0℃，苹果入库后应在5天左右使库温降至-1~1℃，贮藏中温度不应低于-2℃，相对湿度以90%~95%为宜，湿度不足时可向地面洒水或挂湿麻袋片。通风可使用换气扇，在库内外温度接近时进行换气。果实硬度降至5千克/厘米^{2}时应及时出库，先在冷却间缓慢升温至10℃左右，以免产生结露，造成销售期腐烂。

贮藏方式：气调贮藏的苹果必须按品种特性适期采收，无病虫、无机械伤害，并尽快达到最适的温度。气调贮藏一般是结合机械冷藏进行，在贮藏适温控制较好的土窖或通风库中也能获得较好的效果。气调贮藏需要有保持一定气体成分的设备和调气方法，严格控制贮藏环境中的气体成分。

截至2020年，静宁县有气调库130个，其中氟制冷71个、氨制冷59个，贮藏能力63万吨。

静宁苹果品种主要以中晚熟红富士为主，从当年10月上旬开始采摘陆续进入恒温保鲜冷库贮藏，贮藏时间可达8个月之久，可以保存到第二年的6月。贮藏保鲜期的苹果果柄保持鲜绿色，果实硬度、鲜度、口感俱佳，充分体现了静宁苹果极耐贮藏的特性。静宁苹果通过恒温冷库的贮藏保鲜，可以进行反季

德美地缘公司苹果包装车间

节销售，上市销售周期达一年之久，从而规避了市场风险，保证了全年线上线下的鲜果供应，实现了静宁苹果产业链、供应链、价值链的延伸。

苹果食用方法

苹果属蔷薇科，酸甜适口，营养丰富，富含糖类、蛋白质、脂肪、粗纤维、钾、钙、磷、铁、胡萝卜素、维生素等人体必需的营养物质，是生津润肺、除烦解暑、开胃醒酒、通便止泻的食疗佳品，被称为"全方位的健康水果""全科医生"，老少皆宜，具有广泛栽培开发、规模发展的前景和利用价值。

静宁苹果除直接鲜食外，还有烤、煮、蒸、烧、榨汁等食用方法。不论哪种食用方法，都不会影响苹果的营养价值，倒是别有一番风味。

烤：将苹果穿铁钎上，置无烟的炭火上烤3~5分钟，烤好后剥焦皮或带皮吃，味道绵香，口感绵密，余味甜美。

煮：苹果洗净后切成四块，放在碟子里煮20~30分钟，取出即可食用，绵软、泥甜、可口，老人小孩更喜欢食用。

蒸：将苹果洗净后置蒸笼里，文火蒸15分钟，取出即可食用，蒸苹果所含水分较多，肉质细腻、渍甜、泥香。

浴雪而生的静宁红富士苹果

烧：用乡间热炕或铁炉子的烫灰，将苹果埋进烫灰，10～15分钟后掏出，扫净灰土剥皮后即可食用，土香土味，甜滋无尽。

榨汁：将苹果洗净后切碎，放进榨汁机里，即可出果汁。随榨随喝，绿色、纯净、清甜、爽口，原汁原味。

消费评价

由于特有的优越地理环境，静宁苹果个大、果形端正，色泽鲜艳红润，外表光滑细腻，口味酸甜适口，咬一口细脆甘爽，果肉硬度大、纤维少、质地细，果汁含量在89%以上，糖分含量高，总糖量16.4%，铁、锌、锰等对人体有益的微量元素含量丰富，氨基酸含量较高，经常食用可帮助消化、养颜润肤。

静宁苹果的品质是决定其市场竞争力的核心因素。质细汁多，口感脆甜，入口即化……一提起静宁苹果，这一串串用来赞美高品质水果的词语会从各地消费者口中涌出。很明显，好吃是静宁苹果留给全国消费者最深的印象，也是静宁广大干部群众最引以为豪的地方。毫不夸张地说，苹果已成为静宁在全国最响亮的一张名片，甚至已经成为静宁的代名词。

苹果多酚是苹果中所含多元酚类物质的通称，是苹果具有生物活性的一种次生代谢产物，有较强的抗氧化性、清除体内自由基、抑

消费者品尝静宁苹果

菌、抗衰老、抗过敏等功能。检测表明：静宁苹果多酚含量174.88毫克/100克，高于其他产区的苹果。苹果可溶性固形物包括糖、酸、维生素、矿物质等，其中可溶性糖是苹果可溶性固形物的主要组成成分。可溶性固形物是苹果的主要指标之一，其直接影响苹果的营养成分、风味和贮运性能。静宁苹果可溶性固形物含量14.0%～14.5%，这也是静宁苹果好吃的基础。

高含量的多酚和可溶性固形物赋予静宁苹果另一个特质，那就是香气馥郁。当您打开苹果包装的那一刻，就会感觉到一股芳香扑鼻而来；如果在办公桌或者客厅放几个，苹果散发的香味，会让人有心旷神怡之感。

静宁苹果的独特品质和苹果产业的发展成就，吸引了国内各级各类媒体纷至沓来，进行了大量的宣传报道。据粗略统计，仅2009年以来，中央电视台综合、财经、中文国际等频道先后11次予以报道，甘肃电视台、平凉电视台的报道有600多次；2000—2020年，人民日报、经济日报、科技日报、农民日报、中国青年报、甘肃日报、平凉日报等媒体先后刊发报道459篇。媒体的报道，让消费者格外青睐个大、色鲜、味甜、质脆、富含多种营养元素的静宁苹果，山沟里的小果子成了大都市餐桌上的珍品。

 # 人文历史

　　静宁是神话传说中伏羲的诞生圣地，是华夏文明的发祥地之一，也是农耕文化发展的中心区域，自古就有栽种果树的悠久历史。据《平凉府志》《静宁州志》记载，至少在3000年前，静宁就有果树的栽培，如桃、李、杏、梨、林檎、花红、樱桃等。传说中的人文始祖给静宁这块古老而神奇的土地留下了丰富的林果文化遗产。

历史渊源

　　静宁苹果栽培历史悠久，康熙《静宁州志》第四卷《风土志》记载："果之属为品二十一，园植十三：曰桃（大小二种）、李、樱、梨、棠、楸、枣（间生）、林檎、胡桃、桑椹、枸杞、葡萄（酸二种间生）、木瓜。"乾隆《静宁

州志》第三卷《赋役志》记载："果类：樱桃、秋桃、榛子、橡子、松子、花红、杏、林檎、桑椹、胡桃、葡萄、延寿果、李、藜。"林檎是蔷薇科苹果属植物，又名花红、花红果、沙果，落叶小乔木，叶卵形或椭圆形，花淡红色，果实卵形或近球形、黄绿色带微红，是常见的水果。林檎也是我国古代对苹果的称呼，现代日语中仍管苹果为"林檎"。由此可见，最迟至清朝初年，静宁地区已经普遍栽植苹果了。

神话传说

关于苹果的来历，静宁民间有这样一个传说：那时是上古荒蛮时代，有一对兄妹，男的叫伏羲，女的叫女娲，父母早亡，相依为命，每天靠采集野菜山果充饥。当地经常有妖怪野兽出没，侵害人类。兄妹俩花功夫凿了一个威武的石狮，放在盘盘梁上，守护茅

静宁成纪文化城的伏羲塑像

庵。有一天，伏羲来到梁上，刚走近石狮旁，石狮突然摇起了尾巴，点着头对伏羲说："伏羲啊，盘盘梁上有一棵红果树，结满了大红果子，十分脆甜。从今天起，你要每天给我嘴里喂一个红山果，要红透的啊！千万不能忘记。"伏羲答应下来，每次上山，在果林里摘一颗又红又大的红果子喂给石狮。当喂到九九八十一颗时，石狮又说话了："伏羲，现在不要摘红果子给我吃了。你明天和妹妹一起来，看我的眼睛一红，你俩就往我肚子里钻，不然就没命了。"第二天一早，兄妹俩来看石狮，果然见它的双眼红了，充满了浓浓的血丝，比那红山果还要红。伏羲急忙拉着妹妹，钻进石狮肚子里。刹那间，天昏地暗，乌云滚滚，霹雳电闪，天裂开了一条口子，暴雨跟着狂风像瓢泼一样倒下来，山冲塌了，树木淹没了，大地白茫茫一片。只有石狮还稳稳当当地坐在盘盘梁上，随着暴涨的洪水，越长越高。

暴雨下了九九八十一天，兄妹俩在石狮的肚子里，每天分吃一颗红山果充饥，山果吃完了，雨还是下着。石狮张开口，把兄妹俩吐出来，然后驮着兄妹二人盘梁而上，一起站在梁顶高处去补天。天补好了，大雨停了，天下平安无事了，人们又开始安定地生活。后来，静宁人为纪念红果救了伏羲兄妹，就把红果叫成"平果"。人们认为苹果能"镇邪恶""保平安"，就一直种植到现在。如今人们常说，苹果是老祖宗留给静宁人发家致富的宝树。

栽培历史

20世纪初，在静宁县仁大、阳坡、李店、治平、威戎、城川、城关、八里等乡镇，苹果树遍布农村房前屋后，山坡、地埂也随处可见。在长期的苹果栽培实践中，果农们积累了丰富的栽培经验，并培育出许多优良品种。近代良种繁育中的嫁接技术及断根施肥、折枝早果、刮皮防虫等，至今仍在果树栽培中广泛采用。部分农民早就把苹果生产当作家庭经济的主要来源，在静宁农村素有"一亩园、十亩田"的谚语。

社社办林场，队队建果园

1.探索起步

新中国成立以来，党和政府非常重视林果业的发展，把果品生产当作农

20世纪80年代初果树的零星栽植

业经济中的一项重要产业来抓。1966年，静宁县委、县政府发出"植树造林、发展果树、社社办林场、队队建果园"的号召，筹集10多万元资金，在县城以南的10多个公社建立了以大队为单位的集体苹果园，面积达8900多亩，并进入了自行育苗、嫁接、繁殖的阶段。

到20世纪70年代，全县果园总面积已发展到9434亩，为静宁县林果业的兴起奠定了坚实的基础。静宁县把技术指导培训工作当作提高果园生产水平的根本措施来抓，县财政每年拨出专项资金，由静宁县林果站召集技术人员进行统一指导培训，讲解果园规划，传授育苗、栽培管理、引种试验等技术，收到了良好的效果。1976—1977年连续两年，治平公社的大庄和城川公社的张家崖生产队的苹果由平凉地区外贸公司组织销往香港市场。

2.示范推广

"七五"期间，静宁县委、县政府十分重视苹果栽培，实行了一系列果园建设重大改革措施。1985年，建立了静宁县园艺站，配备了技术骨干和土专家，负责调查研究、科学规划，进行技术改良嫁接、育苗和技术指导，并进行小面积栽培试验示范。1987年，静宁县委、县政府又提出了"以农村经济建设为中心，调整农村产业结构，发展商品生产，带领农民脱贫致富，大抓果园建设"的宏伟设想。截至1990年年底，

20世纪80年代末技术人员指导农民新植果园

全县果园面积发展到45 947亩，其中苹果42 511亩（占果园面积的92.5%），初步形成了以苹果为主的果树生产基地，苹果产业已成为全县农村经济的主要支柱之一。1990年开始结果的面积有12 500亩，年产苹果2231吨，收入约为120万元，果品销往内蒙古、四川、湖北、河南、青海、陕西、宁夏等10多个省份。

3.规模扩张

2003年，静宁县委、县政府抢抓农业部将静宁县划分为西北黄土高原苹果优势区的良好机遇，把苹果产业作为富民强县的第一大产业来抓，加大科技推广和宣传推介力度，形成了举全县之力集中做大做强苹果产业的浓厚氛围。继续扩大果园面积，先后举办了两届静宁苹果交易大会，组建了静宁县果业局、静宁县苹果产销协会，制定并发布实施甘肃省地方标准《静宁苹果》(DB62/T 1248—2004)和《绿色食品 静宁苹果生产技术规程》(DB62/T 1670—2007)，内容涵盖静宁苹果生产所需的土壤、气候条件，果园管理的各项技术、时间，果形及优质果品所具备的各项生化指标等。2006年完成了"静宁苹果"地理标志产品保护认证，先后扶持建成了陇原红公司、常津公司、麦林公司、恒达纸箱等一批龙头企业，规模化扩张、产业化开发初见成效。

静宁苹果适生区栽植全覆盖

3000 亩良好农业规范苹果示范基地

4.跨越发展

经过 40 年的不懈努力，在历届县委、县政府的高度重视下，静宁苹果产业发展取得了重大成就，概括起来总体呈现出"三好、四高、五大"的特点，三好即区位优势好、果品品质好、产业基础好，四高即产量效益高、组织化程度高、管理水平高、产业化程度高，五大即基础规模大、生产优势大、市场空间大、推介力度大、流通份额大。2020 年，全县果园面积稳定在 100 万亩以上，挂果果园面积达 68 万亩，总产量 82 万吨，产值 45.92 亿元，农民年均果品收入 7300 元，占农民年均纯收入的 70% 以上。全县苹果商品率达 95%，优果率达 80%。30 万亩全国绿色食品原料标准化生产基地、3000 亩良好农业规范苹果示范基地 2007 年通过了认证。截至 2020 年，静宁苹果共拥有地理标志保护产品、中国驰名商标、无公害农产品基地认证、绿色食品基地认证、有机产品基地认证、出口基地认证、良好农业规范基地认证和国家级出口食品农产品质量安全示范区等 8 张国家级名片。

节庆风俗

静宁苹果象征着平安、富贵、喜气、吉祥，栽果园就是"栽健康"，送苹果就是"送吉祥"。静宁苹果在带来生态文化效应的同时也丰富了静宁的民俗文化。

1.静宁苹果节

2015年10月12日，首届静宁苹果节在"中国苹果之乡"静宁县开幕。其间，举办了赛园赛果赛技、旅游观光采摘、果品展示展销，以及诗歌、书画、越野赛等12项文化活动，吸引了兰州、银川等周边地区游客1万多人次。此后，静宁苹果节每年举办一次，截至2020年已成功举办了6届。静宁苹果节全面展示了静宁县苹果产业发展成就，积极搭建平台与各界朋友共庆丰收、分享喜悦，共谋发展、促进合作，在引导生产消费、促进果品贸易、实现农民增收、助力乡村振兴等方面发挥了积极作用，已成为静宁人的重大节日。

第六届静宁苹果节开幕式

2.贴字祈福

勤劳智慧的静宁人把对亲朋好友的祝福寄托在苹果形象的创意中，通过折光贴字等形式，巧妙地把"吉祥如意"等词汇镌刻在苹果果面上。他们慎选贴字材料，谨防工业用胶污染果面，掌握好贴字时间，贴字位置要求贴在果实阳面两侧，绝不可贴在正阳面。选购字模字体时，尽量选择笔画粗实庄重、图案清晰大方的字或图案，苹果上的字或图案赏心悦目、比例协调、内容时尚。在常用吉祥语的基础上，"果语"设计还紧贴潮流、迎合流行，如静宁人民欢迎

您、心想事成、民富国强、托起中国梦等。

3.探亲访友

静宁自古就有探亲访友、探视病人带水果的习俗，每逢年头节下，什么果子成熟人们就提着走亲戚串门。现在的静宁人到外地出差，总要给远方的朋友、亲戚带上静宁的优质苹果，表示对他们的敬意；去医院探视病人，一定要带上贴有"祝您健康"字样的苹果，祝愿病人早日康复；遇上老

静宁苹果贴字艺术

人祝寿、小孩满月的场合，要带上印有"宁静祥和""平安幸福""长命百岁"字样的苹果篮，表达满满的祝福和殷殷的祈愿。

4.新风新俗

剪纸是静宁民间广为流传的一种装饰艺术。每逢节庆时，妇女们用彩纸剪成各种花鸟虫鱼或人物，贴在窗格、门楣或墙壁上作为装饰。静宁剪纸剪工细腻，形象逼真，惟妙惟肖，栩栩如生。如今，随着苹果产业的兴旺发展，静宁剪纸强化了果园、果树、苹果等新鲜内容，随静宁苹果一起走向了国内外。近年来，适应网络营销的消费特点，静宁苹果适时推出了"祝您平安""圣诞快乐""平安是福"等时尚小包装产品，深受都市广大年轻人喜爱。

文艺作品

静宁苹果文化绚丽多彩，潜移默化地引导静宁人发扬传统美德、弘扬大爱精神。静宁苹果启迪了静宁人的智慧，赋予了文艺家们创作的灵感和源泉，为苹果民俗文化拓展了新领域。每到花开或收获时节，省内外的作家和摄影家会来静宁观光采风、体验生活，他们从艺术的角度，注解和审读静宁苹果文化新的内涵。

1.王晓军《静宁苹果赋》

时维九月，序属三秋，成纪之地，遍野饶收。山川葱茏叠翠，勃勃生机兴焉，犹频婆悬枝缀红弄绿，其色彤彤，其香浓浓，染就陇上秋声。今撰文记之，述前人之功，踔厉奋发勤劳作，勉后者之志，壮心上下勇求索。

夫苹果者，古谓之柰，亦称频婆。原生异域，交游入邦，怡香百世，滋养万疆。亚当夏娃窃食，情爱得生，肇启人类兴旺。牛顿观其坠落，欣然顿悟，揭示宇宙玄想。乔氏精研技器，天涯咫尺，贯通四面八方。此三果者，世皆闻也。今言静宁苹果，实果中翘楚，乃富庶黎民之果。寐月花开，玄月果芳，朱玉颗颗，馥郁飘香，清风摇枝，泛起碧波翠浪。天地为之父母，日月为之晖光，雨露为之泽润，云霞为之游翔，蜂蝶旋舞其间，虫鸟高吟鸣唱。其色也艳，观之玲珑剔透，其味也甘，闻之沁鼻幽香，其质也醇，食之甘饴如浆，虽灵霄蟠桃，至人参圣果，难及世间此果矣。

羲皇故里，久远文明，世人勇而诚，民风质而淳，然则地势峭，沟壑横，山荒芜，草不生，满目痍，灾厄频，苦瘠甲于天下，百姓流离失所，长岁劳艰陋贫。今逢盛世，物竞天择，静宁之邑处苹果最佳宜生之地，其地也幸，其民也喜。然一业之兴，水滴石穿，终非一日之功。数任班子司职殚心竭虑，咬定青山不放松，功成毋须在我辈；三十余载众庶励精图治，立下愚公移山志，誓挖穷根奔富路。烈日炎，汗成行，理荒秽，增肥墒，攀枝头，奔垄上，育得金果百万亩，历经艰辛终得偿。百姓收入，十占八九，梁峁山川，尽披绿妆。薪火传承，吏民协力，上下同欲，众志

静宁苹果节一角

成城。青年才俊马光远，心系桑梓，开坛必言家乡果，远播声名于寰宇。果业达人景永学，情有独钟，送果进京庆奥运，总理回书励群志。科技功臣李建明，研精毕智，苦心竭诣育新苗，田父乡谊嘉誉之。全国劳模雷托胜，富己及人，立业济困助乡邻，尽心尽力谋民祉。当今之时，静宁苹果入都市，越远洋，享誉陇上，名播海疆；成纪古地民心齐，黎庶康，同心守德，众志骋强。一业兴，百业旺。文屏山下，学宫巍峨，气势恢闳，春诵夏弦，书声朗朗，英才辈出，桃李芬芳。城郭巷里，商贾云集，南来北往，车水马龙，熙熙攘攘，政通人和，蒸蒸日上。

嗟夫！今颂一果，当赞本邑之民，虽居荒凉处，素有凌云志，艰难窘苦犹不惧，宁可苦干，决不苦熬，人一能之，我当十之，披荆斩棘，寒耕暑耘，赢得而今臻臻向荣。思昔日之凄凄，平民难以聊生；看今朝之灿灿，丽天欢歌美景；望远道之煌煌，云程万里似锦。

古人云：夫尽小者大，积微成著。此果虽小，以小成大，达济苍生，泽被子孙，无穷尽焉。生民宜当安其居，乐其业，奋图强，克俭勤，必果硕年丰、梦圆以真，小康伟业终得成。

2. 新编大型现代秦剧《金果人家》

编剧：李东和

演出单位：静宁县秦剧团

秦剧《金果人家》剧照

剧情简介：20世纪90年代初，龙源村党支部书记龙媛秀，面对穷山苦水，立志实现父愿——发展苹果产业带领群众致富。在群众挖树毁园的关键时刻，她挺身而出，承包果园，扩大种植面积，矢志不渝与天灾和旧观念抗争，使乡亲们尝到了甜头。媛秀的努力赢得了静宁县林业局技术员林永清和乡亲们的支持。她通过和乡亲们跑市场、打品牌，终使龙源苹果成为2008年北京奥运会特供产品，成为群众致富的"金果子"。

3.静宁苹果文化"六个一"工程

苹果文化"六个一"工程作品由静宁县委宣传部牵头，县文联、文广局、林业局、电视台和文化馆等单位共同创作，以静宁苹果文化为主题，包涵反映果乡群众生产生活的长篇小说《花开千树》、散文诗歌集《苹果红了》、苹果画册《金果印象》、栽培技术汇编《果满枝头》、微电影《果乡流韵》系列和宣传片《葫芦河畔果飘香》等6部作品。2015年10月11日，作为第二届静宁苹果节的重要活动之一，静宁苹果文化"六个一"工程作品首发仪式在静宁县金果博览城举行。

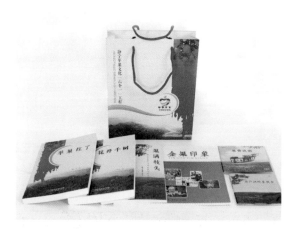

静宁苹果文化"六个一"工程作品

4.新编大型现代秦剧《金果雪里红》

编剧：李东和

演出单位：静宁县成纪艺术剧院有限公司

剧情简介：成纪村党支部书记兼成纪果业合作社理事长梅红经过艰苦努力，争取到静宁县的苹果产业改造升级示范项目，却在选址问题上遭到大嫂杨笑笑的反对。正在为难之际，县里派来了梅红的初恋、果树专家郑有为前来帮助她实施工作。两人在暖水湾果园讨论选址的问题时，恰巧被杨笑笑发现。于是杨笑笑便添油加醋，向小叔子小能说梅红和郑有为如何如何，惹得小能醋意

大发，夫妻之间随即产生激烈冲突……最终，梅红和小能前嫌尽释，升级改造项目得以实施。数年后，改造园里的苹果在大雪中收获了……

该剧入选2018年文化和旅游部"全国优秀现实题材舞台艺术作品"剧目。

5. 原创歌曲《静宁的苹果红又甜》《我愿你果树上挂满吉祥》

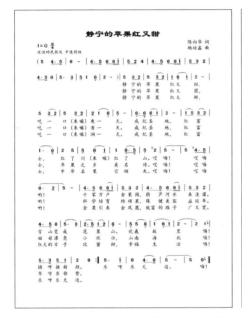

原创歌曲《静宁的苹果红又甜》 原创歌曲《我愿你果树上挂满吉祥》

6.《苹果：词与物的美学——"我为静宁苹果写首诗"作品集》

主编：陈宝全

出版信息：敦煌文艺出版社2019年10月出版

内容简介：该书是静宁县文联会同中国诗词学会举办的"我为静宁苹果写首诗"诗歌创作活动的作品集，是一部以静宁苹果为核心意象的诗集。该诗集收录了全国各地118位诗人的原创作品，真实表现了果乡人的日常生活、与苹果命运相交的喜怒哀乐。该书既是静宁苹果发展历程的真实写照，也是静宁苹果文艺大合唱里的一记重音，这些闪亮的词语，从一个侧面描绘出了新时代静宁人民美好的生活愿景。

7.电视连续剧《红果果　金担担》

编剧：杨文森

剧情简介：该剧以国家级贫困县静宁县依托苹果脱贫致富、逐渐发展为国内知名品牌并走出国门的故事为原型，讲述了以年轻的共产党员、海归林果硕士李梦林为代表的新一代"高知农民"在乡村振兴的时代洪流下，立足家乡，放眼世界，依靠自强不息的奋斗精神、舍我其谁的担当意识，最终在党的领导下，成功摆脱千百年来农民只能面朝黄土背朝天的宿命，把宁静苹果变为世界苹果，使宁静村从西部山区走向了世界，并赢得了世界的认可与尊重。

电视剧《红果果　金担担》剧照

当代农村题材电视连续剧《红果果　金担担》(原名《大农商》) 由甘肃省委宣传部、甘肃省广播电视局、甘肃省扶贫开发办公室、平凉市委宣传部、平凉市文联、中共静宁县委、静宁县人民政府等单位联合出品，甘肃德美地缘现代农业集团投资5000万元拍摄制作。该剧由青年导演殷飞、王磊执导，杨文森担纲总编剧及制片人，汇聚了何明翰、赵书雨、王丽云、沙景昌、赵恒煊、刘立伟、王往、陆玲、王岚、肖聪等一大批艺术高超、演艺精湛的老艺术家及青年演员。该剧2020年10月5日在静宁县开机，2021年1月5日圆满杀青。

CHAPTER

生产管理

　　静宁县在扩张苹果种植规模的同时，立足当地实际，不断吐故纳新，完善栽培措施，总结出了一套干旱条件下苹果优质丰产栽培技术，创下了每千克苹果售价14.4元、亩收入6.4万元的高效典型，为全国旱作条件下苹果的高效生产树立了样板，提供了可复制的栽培模式。

优化品种组成，夯实产业发展基础

　　静宁县对苹果良种高度重视，在近40年的种植历程中，通过政府调苗、民间引种等途径，先后引入了岩富系列、宫崎短富、寿红富士、烟富系列、礼泉短富、红将军、美国8号、嘎拉、蜜脆等优良品种，为静宁苹果的良种化发展打下了坚实的基础。同时，静宁群众坚持品种选优工作，取得了骄人的成

"粉红秦冠"品种

绩。其中在秦冠选优方面取得了重大突破，贾河乡中堡村果农选出的"粉红秦冠"、雷大镇黎沟村果农选出的"速红秦冠"，由于品相好、作务容易、栽培价值高，均得以快速扩繁，栽培面积均达千亩以上。特别是"粉红秦冠"通过客商传播，已被山东、山西等地引种。"粉红秦冠""速红秦冠"多年来保持与富士同价销售。静宁县园艺站选育的"成纪1号"红富士品种，具有进入成花容易、结果期早、产量稳定的优势，在静宁及周边地区广为栽培。

强化水分管理，补齐产业发展短板

静宁县年均降水量423.6毫米，自然降水与苹果生长结果年需水量540毫米要求有较大差距，水分成为静宁县苹果生产中的最大制约因素。多年来，静宁县以提高天然降水利用率为核心，以保墒为措施，形成了一套干旱条件下苹果优质丰产栽培技术，在国内处于领先水平。

1.传承传统种植经验，应用沙石覆盖栽培

在苹果产业发展起来之前，静宁的主要经济作物为瓜菜，静宁群众利用覆沙抵御干旱的影响，提高瓜菜产量和品质。在苹果规模化发展初期，南部川区群众在苹果园中间作瓜菜，应用了传统的覆沙措施。覆沙的苹果

沙石覆盖栽培

树长得旺，结果多，果个大，着色鲜艳，味道脆甜，于是沙石在苹果生产中大量应用，一种独特的种植模式——沙培栽培法就这样产生了。在苹果种植过程中，土壤覆沙后，太阳晒时沙子吸热快，温度上升快，太阳落山后，沙子放热快，温度下降快，有利于提高昼夜温差，对果实中糖分的积累非常有利，果实糖分含量高，味道甜，花青素含量高，着色鲜艳，品质优良，沙石覆盖成为静宁苹果生产中独具特色的高效种植模式。

2. 推广地膜、地布、保墒毯等覆盖措施，不断提高保墒效果

苹果生产中覆沙虽然效果好，但近年来国家河道管理加强，沙源减少，且覆沙劳动强度大，因此沙田覆盖受到限制。随着塑料地膜在20世纪八九十年代逐步应用于农业生产中，因其保墒效果好、覆盖用工少，地膜覆盖在静宁苹果生产中很快得

覆膜栽培

到普及，成为苹果生产中应用最广泛的种植模式。多年完善之后的黑膜高垄覆盖模式是静宁县苹果生产中的主推技术之一，除此之外，黑膜全园覆盖、山地穴盘黑膜覆盖等模式是静宁群众立足当地实际进行的改革和创新，很好地提高了保墒效果。

近年来，保墒效果好、覆盖时间长的地布、保墒毯在农业生产中开始应用，成为静宁苹果覆盖保墒的很好补充。

3. 普及废物利用，推广秸秆、落叶还田

随着社会的发展和人民生活水平的提高，农作物秸秆、苹果落叶、修剪后的枝条等不再用作柴禾烧灶、烧炕，而成为废弃物，在农村乱堆乱放严重地影响了村容村貌的整洁。静宁群众将其应用于苹果生产中，在果园进行土壤覆盖。在下雨天时，雨水会通过秸秆等缝隙渗入土壤中，补充土壤水分，提高土壤水分含量；在天晴太阳晒时，秸秆等可抑制土壤水分散失，起到保墒作用。

经过2~3年的风吹、日晒、雨淋，秸秆等会腐烂，翻入地中就是一茬好肥料，可大幅度提高土壤有机质含量，对培肥土壤非常有益。秸秆覆盖是静宁发展循环果业的一个缩影，生产中应用较普遍。

加强示范园建设，推行标准化管理

为了有效地提高苹果园科学化管理水平，静宁县以标准化生产为突破口，以示范园建设为抓手，2004年制定实施了甘肃省地方标准《静宁苹果》，2007年制定实施了甘肃省地方标准《绿色果品 静宁苹果生产技术规程》，在生产中通过三级五类示范园的建设，引领全县苹果进行标准化生产，提升精品果比率，提高果实品质，增强市场竞争能力。在标准化措施的实施中，静宁县以示范点建设为抓手，走以点串线的推广路线图，全面普及各项措施。每个果园面积大的乡镇至少抓建新植园、幼园、挂果园、丰产园、老果园等5个不同类型的标准化示范园各1处，重点突出治平镇雷沟村、界石铺镇李堡村两个国家级示范园，李店镇常坪村、深沟乡樊沟村、雷大镇兴坪村、余湾乡韩店村、威戎镇武家塬等5个省级示范园，李店镇常坪村、仁大镇解放村等6个"果-畜-沼"配套示范园的抓建工作，为全县标准化果园建设树立样板，辐射带动标准化措施的实施。

近年来，静宁县在保持以家庭为经营单位果园稳定发展的同时，积极倡导企业制果园及家庭农场的发展，先后涌现出了德美集团苹果矮化密植栽培示范

标准化示范园

园、常津公司乔砧＋短枝型密植示范园、陇原红宽行窄株密植示范园、菱美家庭农场乔化密植示范园等新型经营主体和新型种植模式，引领着静宁苹果产业的转型。特别是静宁果农创造的乔砧＋短枝型密植种植模式，由于建成园成本低、便于

苹果生长监测仪

机械作业，非常适宜干旱地区应用，在静宁县及周边地区作为主要种植模式大量推广，成为我国苹果种植的主要方式之一。

在抓建示范园的同时，积极推动产品和基地认证，先后完成了30万亩全国绿色食品原料（苹果、梨）标准化生产基地、3000亩良好农业规范示范基地、4.5万亩出口基地的认证。2020年，静宁苹果共拥有地理标志产品保护、绿色食品基地认证、有机产品基地认证、出口基地认证、良好农业规范基地认证、国家级出口食品农产品质量安全示范区等国家级基地名片。标准化基地的认证及生产措施的应用，使果园产量和果品质量显著提升，全县果品商品率达95%、优果率达80%、精品果率达70%以上。

矮化密植示范园

集成精品生产技术，规范生产工序

自苹果规模化发展以来，静宁县立足区位优势，将精品化生产确定为主攻方向，不断地研究集成生产要素，重点推广了单果管理、辅助授粉、端正果形、果实套袋、"三稀"栽培、配方施肥、改良纺锤形整形、枝条单轴延伸、下垂枝结果、绿色防控等标准化生产实用技术。

1. 实行单果管理

苹果花量大，坐果率高，一般易形成串花枝，通常一个花序中可坐果5~7个。如放任坐果，结果过多，会影响果实膨大，不利于苹果品质的提高。静宁在苹果生产中严格落实单果管理技术，按照目标产量，坚持25~28厘米间距留一果的方法，在坐果后选留每花序中的中心果，疏除边花所结的果、病虫果、果形不正的果，确保所结果果形端正高桩。

2. 加强辅助授粉，提高坐果率，改善品质

静宁苹果种植品种比较单一，富士占栽培总量的95%以上，而富士自花结实率低，坐果率低下，产量难以提高。为了改变这一不利状况，在苹果生产中强化辅助授粉措施的应用，以提高坐果率。一是花期放蜂。在苹果花期为蜂客开设绿色通道，无偿提供养殖

人工授粉

场地，加大境内蜂蜜收购力度，吸引蜂客到果区放蜂，利用蜜蜂帮助完成苹果授粉。二是人工点授花粉。在花期用自制花粉或外购花粉点花，促进授粉。点授花粉后所结果实果形端正，坐果率高，对提高生产效益十分有益。

3. 利用生长调节剂保果

近年来，静宁县气候反常，花期低温冻害发生频繁，已严重影响苹果生产效益的提升。静宁苹果生产中推广应用花期喷施保丰灵、益果灵等生长调节

剂，不仅有效地提高了坐果率，而且对改变果形也大有益处。

4.果实全套袋

苹果果实套袋是生产精品果的主要手段之一。在静宁产区，套三色纸袋的红富士最高售价达14.4元/千克，而不套袋的红富士一般售价仅3.0元/千克，效益相差甚远。受效益驱动，静宁苹果生产中采用全套袋栽培法。

5."三稀"栽培法

经多年生产摸索矫正，静宁县创造性地推广了"三稀"栽培法，有效地促进了苹果精品化措施的落实，保证生产过程中通风透光良好，精品果占比高。一是推广大冠稀植模式。红富士种植密度主流为每亩33株，所产苹果产量高、品质好，优势明显。二是严控枝量。当苹果亩枝量为8万条左右时，产量最高，品质最好。三是适量结果。根据当地的肥水供给能力及群众的作务水平，提出的标准产量为每亩3000千克，确保亩挂果在1.2万个左右，所产果85%以上达到直径80毫米以上，亩收入在2万元左右。多年的生产实践证明，在此标准之下所产果实品质较高、产量稳定，基本没有大小年现象，符合当地实际。

6.平衡配方施肥

苹果生长结果需要肥料种类较多，不但需要氮、磷、钾等大量营养元素，而且需要钙、镁、硫、硼、锌、铜、铁、钼等多种中微量营养元素，不但需要化学肥料，还需要有机肥料和生物菌肥。静宁多年来在苹果生产中坚持有机肥料、化学肥料、生物菌肥并用，大量营养元素和中微量营养元素按比例配合施肥，以均衡供给营养，保证树体均衡吸收，确保了树体健壮生长，提高了树体的结果能力，保证了产量的稳定。

7.推行改良纺锤形整形、枝条单轴延伸、下垂枝结果技术

根据主栽品种红富士对修剪反应敏感的实际，在生产中创造性地应用改良纺锤形树形，普及枝条单轴延伸、下垂枝结果技术，极大地简化了修剪程度，简单易学，便于普及。红富士苹果萌芽率高，成枝力强，修剪不当极易出现冒条，影响结果。在生产中基部每隔10~15厘米留一主枝（枝轴），以牵制树

体，防止树体生长过高；在第三枝以上每隔20厘米留一小主枝（枝轴），枝轴在中心干上保持螺旋状上升，枝轴一律拉平；在枝轴上留结果枝，结果枝在6月拉弯下垂。这种方法很好地稳定了枝势，非常有利于早结果和产量的提高。

同时，推行大枝修剪法，切实控制结果枝枝龄。对结果4~5生的枝每年冬季进行一次更新，确保壮枝结果，提高果实品质。

8.落实有害生物绿色防控技术，确保果品的食用安全性

静宁苹果生产中始终坚持绿色发展方向，坚持农业、物理、生物、化学综合防控措施，切实控制化学物质的施用次数和施用量，全年用药量控制在6次以内，杜绝高毒高残留农药的使用，有选择性地使用矿物源农药和生物源农药，控制病虫危害，减轻生产损失。

果园里安装的太阳能杀虫灯

积极变革，降低生产成本

随着城镇化进程的加快，大批农村壮年劳动力转移，果园务工工人工资上涨，农用物资成本上升，导致苹果种植成本快速上升，严重影响苹果产业的可持续发展。在静宁苹果产区，控制生产成本已成为政府和科研机构研究的主要项目。近年来，主要取得的成就有：

1.普及机械作业，减少果园用工

随着农用三轮车、微型旋耕机、开沟施肥填埋一体机、小型除草机、小型弥雾机、农业植保无人机、小型田间作业升降平台等机械在苹果生产中的应用，大大减少了果园的用工量，降低了果园的劳动强度，提高了劳动效率，对控制果园的生产成本起到了十分积极的作用。

果园杂草在干旱地区对苹果树体生长影响较大，杂草生长会与果树形成争肥争水争空间的矛盾，因而在静宁苹果生产中提倡清耕栽培法，每年果园除草6~7次，用工量大。近年来，静宁普及推广株间土壤用黑色地膜或地布覆盖，对一般性杂草有很好的抑制作用，可减少果园除草用工量。对行间所生草，在草高30厘米左右时用割草机割掉，一般每亩20分钟就可完成，仅这一转变每亩果园每年控草可节省用工5~6个。

林间作业升降机

2.简化生产程序，控制果园用工

施肥、除草、疏花疏果、果实套袋、整形修剪是苹果生产中用工量多的环节。静宁果农根据果树生长规律和静宁气候的特点，大胆革新，减少生产环节，从而减少果园用工，达到控制生产成本的效果。

（1）重施基肥，巧施追肥。静宁改变传统的年施肥3~4次为年施肥2次，从而达到减少果园用工的效果。9—10月将有机肥、绝大部分化学肥料（70%以上）、生物菌肥作基肥一次性施入，然后在6月补充水溶性肥料，从而满足树体全年对营养物质的需求，既不影响果树正常生长结果的进行，又可减少果园用工，达到降低生产成本的效果。

（2）变疏花、疏果、定果作业为疏果。在静宁，苹果的花期和幼果期气温起伏不定，极易发生冻害，造成减产，因而在疏花、疏果管理中大多以疏果为主，在坐果后按留果间距选留果形好、无病虫危害的果实，并疏除多余的果实，简化了操作程序，节省了果园用工。

（3）在关键时期，用关键药物，防治关键病虫害，从而控制危害。在有害生物防控时，紧盯对苹果生产危害较严重的腐烂病、早期落叶病、黑星病、螨类、蚜虫、卷叶蛾等病虫害，坚持抓好萌芽期清园、套袋前2次药物的使用、6月叶片保护药物的喷施及8月病虫的控制这几次关键时期的用药，每年用药量控制在5~6次，即可控制危害。

（4）无袋栽培研发加快。果实套袋是生产中推广的一项提质增效措施，但

果园土壤耕翻作业

在实际操作中投资大且比较费工，通常套袋占到了苹果生产中投资的50%以上，因而苹果生产中去袋栽培已成大势所趋。近年来，静宁县通过引种烟富8号、烟富10号、维纳斯黄金、蜜脆等新优品种为苹果的栽培贮备品种，农资经销商及平凉市林业科学研究所在静宁先后进行了液态膜替换纸袋栽培试验，虽然还没有达到预期的效果，但已迈出了可喜的一步。

（5）普及免耕覆盖栽培技术，减少果园土壤管理用工。干旱地区由于降水稀少，在土壤管理中以清耕为主，且要反复进行中耕，比较费工。静宁在生产中创新式地应用了免耕覆盖栽培措施，在栽植时挖大坑，栽后以树干为中心逐年进行扩穴深翻，4~5年后将全园土壤深翻一次或在栽树前用挖机将土壤进行一次深翻，然后每年仅在施基肥时在树梢外缘开沟施肥，其余时间不再进行土壤耕翻。这样大大地减少了果园用工，减少了对苹果根系的伤害，对果树生长是非常有益的。

（6）生草栽培逐渐被接受。由于静宁苹果种植面积大，群众将主要精力投入苹果生产中，养殖业的发展相对滞后，果园土壤有机质的补给受到限制。果园生草栽培时，在草长到一定高度时进行刈割，将刈割后的草覆盖树盘或行间，草腐烂后可增加土培有机质含量，起到补充土壤有机质的效果。基于以上认识，静宁近年来果园生草栽培正逐渐被接受，特别是规模化发展的果园，生草栽培已成主要栽培模式。

强化风险管控，减轻生产损失

自然灾害和市场风险是静宁苹果产业可持续发展的难点和最主要制约因

生草栽培

素，品质提高是永久的话题。近年来，静宁苹果生产中将风险管控和提质增效作为生产的重点，全力攻关，以保持苹果产业持续向好发展。

一是全力应对低温冻害。近年来，静宁县气候反常，苹果花期低温冻害反复发生，常导致苹果减产，甚至绝收。在推广完善传统的推迟花期、熏烟防霜冻的基础上，试验应用防霜棚，引进防霜机，加强冻后喷保丰灵、益果灵、赤霉素等保果，化解低温冻害的危害，减轻生产损失。

二是加强雹灾预防。冰雹是静宁苹果生产中最主要的灾害之一，雹灾发生范围广，造成的损失巨大。近年来，静宁县不断地提高天气预报的水平，完善高炮防雹网点建设，利用世界银行项目推广防雹网，有效地提高了雹灾预防能力。

三是着力化解市场风险。苹果市场风险受多重因素影响，静宁县市场监管局、商务局、供销合作社、农业农村局、林业和草原局等部门积极发挥职能作用，认真研判市场行情，及时发布苹果销售行情信息，指导苹果销售，对降低市场风险，促进静宁苹果销售发挥了十分积极的作用。

四是落实双减措施，保持苹果产业绿色发展。静宁在苹果生产中积极响应国家减农药、减化肥的发展战略，在生产中大力推广农业、物理、生物防控病虫措施，实施秸秆还田覆盖、落叶还田、枝杆粉碎还田、增施有机肥等措施，有效地控制了化学物质在苹果生产中的使用，提高了苹果产业绿色发展水平。

品牌建设

品牌是一个产品的灵魂和生命，而品牌保护则是一个产品赢得市场、打造核心竞争力、实现经济效益和社会效益最大化的制胜法宝。经过全县40年的艰苦奋斗和共同努力，静宁苹果已经实现了扩量、提质、增效、创牌四次历史性飞跃，不但成为强县富民的主导产业，而且成为宣传静宁、提升静宁知名度和影响力的一张重要名片，走出了一条科学发展苹果产业的品牌之路。

品牌打造举措

1.高端定位，超前谋划

静宁县委、县政府以规范、保护"静宁苹果"大品牌为抓手，制定了《关

2015 年静宁苹果品牌保护工作动员会议

于进一步加强静宁苹果品牌保护工作的实施意见》《静宁苹果品牌保护质量监管及市场规范实施方案》《静宁苹果区域公用品牌发展战略规划》等一系列规定，进一步明确各部门、各乡镇工作职责和目标任务，形成"政府主导、市监牵头、部门配合、协会实施、企业参与"的工作格局。确定静宁苹果区域公用品牌"三步走"发展步骤，形成升级品牌、系统传播、健全渠道、强化管理、文化建设、优化供给、融合拓展的"七位一体"战略路径；全面实施品牌升级战略，提升区域公用品牌价值，全方位升级静宁苹果产业，打造中国苹果品牌典范，树立产业扶贫的西部样板、"一县一业"的全国标杆。

2.协会主导，筑牢基石

静宁县苹果产销协会自成立以来，积极探索"政府＋协会＋公司＋合作社＋基地＋农户"的发展模式，以政府引导扶持为支撑，以静宁县苹果产销协会为统领，以农业产业化龙头企业为纽带，以农民专业合作社为主体，以规模化苹果种植基地为依托，以农户标准化生产经营为基础，扎实推进"资源变资产、资金变股金、农民变股东"的农村"三变"改革试点，逐步促成产前、产中、产后各个环节规范管理和运行。充分发挥静宁县苹果产销协会的作用，紧紧围绕建设中国优质果品生产出口创汇基地和中国纸制品包装产业基地（静宁）建设为目标，组织专业人员赴全国30多个城市的静宁苹果专卖店、直营店及大型果品市场进行考察，深入农村果农、果品生产基地、果品贮存龙头企业，对静宁苹果产业产品资源状况、数量、类型、分布、品质特征、生产、加工、流通、营销、管理和规范化运作等进行了全面普查和重点调研，制定了《"静宁苹果"证明商标使用管理规则》，发布了《静宁苹果直营店扶持补助办法（试行）》等3个办法，编制了《静宁苹果品牌保护使用管理手册》，规范"静宁苹果"地理标志证明商标及标识的使用、品牌管理和保护，形成了静宁苹果品牌运营规范管理的规则体系。在果品标准化生产、品牌保护、流通包装、仓储加工、信息宣传等方面提供指导和服务，进一步规范行业行为，促进农民增收、企业增效，努力推动全县果品产业持续、快速、健康发展。2020年，静宁县苹果产销协会会员企业辐射全国30多个城市及全县24个乡镇，进一步延伸了产业链条，推动了静宁苹果产业整体上规模、增效益。

近年来，静宁县苹果产销协会组织参加全国（国际）商标节会、产品博览会、品牌推介会及新闻发布会、论坛及品牌价值评价体系建设活动60余次；2015—2020年连续6年编著《中国地理标志产品品牌价值评价体系》资料6套12册、约200万字，静宁苹果品牌价值由2015年的115.35亿元逐年上升到2020年的158.95亿元；编纂静宁苹果品牌宣传推介文本资料30余册、约58万字，在国家级期刊上刊发静宁苹果品牌宣传系列文章19篇。同时，静宁县苹果产销协会建立中国静宁苹果官网、注册国际域名及国家域名，支持授权使用"静宁苹果"品牌龙头企业入驻京东、天猫、淘宝等互联网电商平台，设立静宁苹果生鲜旗舰店，借助互联网、微信、微博等平台，全方位宣传推介静宁苹果。

2010年静宁县苹果产销协会成立大会

2016年静宁县工商局联合兰州市工商局对兰州大青山市场开展维权行动

3.部门联动，规范市场

整顿规范全县果品、包装销售市场秩序，保护"静宁苹果"品牌，推进全县果品产业持续健康发展。按照《静宁县果品、包装市场专项整治工作实施方案》要求，静宁县市场监督管理局会同相关职能部门立足当地，辐射周边，对全县果品、包装企业定期检查，随时抽查，对果品包装企业商标印制实行备案登记，规范出入库台账。两次赶赴兰州中川国际机场、兰州大青山蔬菜瓜果批发市场对静宁苹果销售情况进行调查，通过随机抽样检查、查询进货渠道等方式，重点就果品经销商违规使用"静宁苹果"注册商标和"中国地理标志产品"标识、非法使用静宁苹果包装装潢、用外地苹果冒充静宁苹果等行为进行了调查取证。通过联合执法，严厉打击了掺杂使假、以次充好、侵犯商标专用权、伪造冒用静宁苹果包装装潢、伪造产地等违法行为，切实维护了静宁苹果果品包装销售市场秩序。2011年以来，对果品企业、农民专业合作社、纸箱包装企业、涉果农资经营户每年全覆盖检查，逐户签订"不销售假冒静宁苹果品牌承诺书"，对果品包装企业商标印制实行备案登记、出入库台账进行了规范，查处涉农涉果案件39起，罚款14.9万元，受理涉果消费者投诉16起，挽回经济损失9万多元，果品市场秩序明显好转。

4.乡镇对接，源头保护

充分发挥乡镇果办作用，成立了乡镇果品协会分会，对辖区果品产业规划、基地建设、良种选育、农药残留、农资供应、技术培训、信息咨询、果品企业、合作社等进行跟踪指导，加强果品企业、果品专业合作社等组织与县苹果产销协

2013年第四届成都国际都市现代农业博览会

会的合作和对接。加大示范基地培育力度，集中抓建了一批示范园、优质苹果生产加工基地及产业基地，引导培育了一批龙头企业、果业协会、专业合作社及果农。加强了基地认证、绿色食品认证、有机农产品认证及无公害农产品认证，力促基地认证上规模、产地苹果质量和果品效益上台阶。全面推行果园标准化管理技术，通过辐射带动，进一步提高了贫困村果品产业的发展能力和水平，全面提升了产业整体效益，增加了农民收入，从源头上保护了静宁苹果产品形象和市场形象。

德美地缘兰州品牌形象店

5. 分会协作，声誉良好

严格考察审核程序，规范设立要求，加大准入门槛。在全国大中型城市及知名果品市场成立了静宁县苹果产销协会分会，建立营销网点（如直营店、专卖店），设计、印制中国驰名商标"静宁苹果"地理标志证明商标统一标识，统一"静宁苹果"地理标志证明商标图标，悬挂统一设计的直营店、专卖店门徽。对许可使用"静宁苹果"地理标志证明商标的果品企业、分会及直营店，进行"四个统一"（统一门徽标识、统一店内设施、统一产品包装、统一销售贴标）的规范。健全完善了三级电商服务网络，强化电子商务流通平台监管，促进了线上、线下销售两轮并进，拓展了果品销售渠道。引导外地协会分会会员单位严把果品质量和标准，把控销售渠道和售价，提高服务质量和信誉，规范销售市场秩序，从根本上维护了品牌声誉及广大消费者的权益。

品牌形象推广

1. 品牌保护，商标先行

品牌形象的核心是品牌标志，品牌标志是品牌理念的直接体现。随着静宁苹果品质特征的凸显、地理环境的优势、产业规模的不断壮大和产品效益的逐

2019年静宁苹果（长沙）品牌推介会

年提升，全面规范统一管理静宁苹果产业势在必行。注册"静宁苹果"地理标志证明商标，依法保护其商标专用权，实施品牌保护、商标先行战略，是静宁苹果产业提升的必由之路。按照"创建一个品牌、带动一个产业、活跃一方经济、富裕一方百姓"的发展思路，2009年年初，静宁县政府提出"静宁苹果产业从20世纪80年代起步，到目前已形成了一定的规模，应起一个响亮的名字，注册一个商标，为静宁人民做一件实实在在的事情"的设想，并纳入议事日程。2009年5月，成立静宁苹果地理标志证明商标申报工作领导小组，由县工商局负责，组织编写申报材料，并审定上报。2009年8月，制定了静宁苹果地理标志证明商标申报材料提纲，开始对静宁苹果申报材料内容项目进行考察，搜集相关佐证材料、数据标准、相关乡镇苹果产业发展情况等资料；同时，深入有关部门查阅相关资料，搜集相关文件，为申报工作取得了第一手材料。2010年10月，开始静宁苹果地理标志证明商标申报材料编写工作。2011年2月，报经静宁县政府会议通过。经多方努力协调，3月向国家工商行政管理总局商标局提出"静宁苹果"地理标志证明商标注册申请，9月商标局核准注册；10月组织编纂中国驰名商标"静宁苹果"申报材料，并于2012年12月被国家工商行政管理总局商标局认定为中国驰名商标。"静宁苹果"地理标志证明商标的注册，标志着静宁苹果拥有合法的身份证，中国驰名商标的认定使静宁苹果步入中国知名品牌的殿堂。

2019年京东·静宁苹果电商节

2.打造内涵，规范统一

品牌形象是品牌与消费者沟通的桥梁，能帮助品牌创建者与品牌目标消费对象达成快速有效的沟通。静宁县委、县政府高度重视，经周密调研认识到，破解难题的出路在于整个产业的规范使用和统一管理，其核心在于品牌的创立和有效利用。为了维护静宁苹果的声誉，推进静宁苹果品牌化建设，县委、县政府及时制定了《"静宁苹果"地理标志保护产品专用标志使用管理办法》《"静宁苹果"地理标志证明商标使用管理实施意见》《"静宁苹果"地理标志证明商标印制管理规定》等一系列规定，全面规范"静宁苹果"地理标志证明商标及标识的使用、管理和保护。对许可使用"静宁苹果"地理标志证明商标，要求做到"四个统一"。同时对授权使用"静宁苹果"品牌的企业进行严格考核，

静宁苹果品牌管理及宣传资料

设立投诉电话和网络举报平台，接受群众监督。指导包装企业建立静宁苹果商标、包装装潢、外观设计等商标印制备案登记制度，规范企业商标包装装潢、外观设计使用行为，提高企业商标使用管理和自我保护意识。指导扶持各苹果流通加工企业和苹果交易市场以自己的网站为网络平台，增加质量溯源查询功能，从苹果种植、加工、包装、贮运、营销等生产全过程进行质量安全追溯，实现企业档案电子化、数据分析自动化、商品质量可追溯化。引导苹果流通加工企业积极使用"静宁苹果"地理标志产品统一专用标识，设立质量信息溯源中心数据库，指派专人负责产品生产全过程的信息收集和保存，并按照一定的编码规则，生成带有产品档案信息的二维码，供消费者追溯静宁苹果产品的详细信息，从而营造静宁苹果市场交易诚信环境，维护静宁苹果品牌形象。

3.纵深推介，文化滋养

"静宁苹果"品牌在多年的市场竞争中奠定了良好的品牌形象和市场地位。静宁县进一步加大"静宁苹果"品牌传播、节庆宣传推介力度，充分利用电

视、网络、户外广告等各种媒介，进行多形式、广角度、深层次的宣传报道，从而扩大了"静宁苹果"品牌的辐射面和影响力。一是组织开展了静宁苹果精准扶贫文化惠民"一张照片"大型公益拍摄活动，宣传静宁苹果，挖掘静宁苹果文化，探索出静宁苹果文化助力扶贫的新路径。二是策划组织了"一个苹果的风雅颂"——全国艺术家走进静宁采摘苹果活动，举办"静宁苹果"诗歌书法墙书写工程、"静宁苹果"主题美术作品展、"德美果杯"静宁苹果·静宁人摄影展、甘肃静宁·四川雅安"静宁苹果"主题书法交流展；建成了一处综合艺术苹果园，开展了园中探宝、认领苹果树、苹果象棋比赛、庆丰收等采摘活动，大范围、广角度宣传静宁苹果，提升品牌效应，拓宽果品营销市场，带动特色产业旅游发展。三是在全国范围内开展了"常津杯"静宁苹果广告语征集大赛活动，"静宁苹果这才是苹果的味道""静宁苹果吃过都说好"等生动形象广告语纷至沓来；设计"静宁苹果"新元素商标7件，确立卡通形象"爱宝"，升级广告语为"吃遍天下苹果、还想静宁苹果"，赋予了静宁苹果爱心内涵，增强了品牌识别度；从时任甘肃省委书记林铎"静宁苹果伴您远行"、中央电视台财经频道资深评论员马光远"静宁苹果——世界上第四个苹果"，到中国女排队员王媛媛形象代言，起到了提高品牌声量、叫响品牌价值的效果。四是围绕静宁苹果产业，出版发行静宁苹果"六个一"工程文化作品及《苹果：词与物的美学——"我为静宁苹果写首诗"作品集》，编排上演大型现代秦剧《金果人家》《金果雪里红》，拍摄当代农村题材电视连续剧《红果果 金担担》，谱写传唱《静宁的苹果红又甜》《我愿你果树上挂满吉祥》等歌曲。借助艺术家

静宁县领导慰问《红果果 金担担》剧组并倾情推介静宁苹果

们的影响力，唤醒了乡村文化灵魂，激活了农村乡风文明；利用润物无声的文艺力量，增强了静宁苹果产业精准扶贫的广度和深度，取得了静宁苹果产业经济效益和文化效益的双丰收。

企业品牌发展

置身于品牌消费、果品消费的消费趋势，在品牌强农、乡村振兴等国家战略导向和高质量发展、品牌竞争的行业背景之下，静宁县顺应趋势，把握机遇，迎接挑战，以静宁苹果区域公用品牌为抓手，铸就静宁苹果产

2016 年静宁苹果昆山新闻发布会

业核心竞争力，从而实现静宁苹果产业健康高效发展。"静宁苹果"地理标志证明商标的使用实行"双商标"制管理，即"静宁苹果"地理标志证明商标＋企业商标。静宁苹果产品包装装潢统一采用"静宁苹果"地理标志证明商标标识、中国驰名商标字样、中国地理标志图案和企业商标标识。包装装潢采用个性化方式，同时标明商标准用证号、产品等级、重量等元素。

果品企业是静宁苹果区域公用品牌建设的主体力量。在静宁县政府的培育、引导、扶持下，以静宁苹果区域公用品牌建设为契机，拓展企业品牌渠道，引导果品企业规范种植生产、转变经营理念、提升营销能力、提高综合实力，从而实现最大效益。静宁苹果区域公用品牌作为母品牌，是市场认知产品的基础，是消费者选购的"一级菜单"，率先叫响区域公用品牌，有利于企业品牌的后续推进。果品企业品牌作为子品牌，如"红六福""陇原红""葫芦河""常津""德美地缘"等企业产品品牌，搭载区域公用品牌的"航空母舰"闯市场，实现自身的成长壮大。一方面，创塑母品牌，以静宁苹果知识产权（商标权、版权等）为品牌管理的依据，明确权属关系，树立母品牌；另一方面，推动子品牌发展，在"静宁苹果"母品牌的背书下，通过许可使用，壮大企业产品品牌。在具体工作中，一是加大经营模式创新，大力推广"公司（涉

农组织）＋商标（地理标志）＋合作社＋农户"的新型产业化经营模式，迅速把静宁苹果产业品牌做大做强、做出特色。二是加大机制创新，坚持政策带动、龙头企业和营销大户带动、项目带动、科技示范带动、专业村和专业户带动战略，走品牌进市场、市场牵龙头、龙头带基地、基地连农户、产销相结合的发展道路，推动"静宁苹果"地理标志证明商标产业化进程。三是创新龙头培育思路，在巩固提高现有龙头企业，增强辐射带动能力的基础上，加大涉农领域招商引资力度，进一步增强"静宁苹果"地理标志证明商标产品加工转化能力，优先许可有一定经济实力的企业使用、运作地理标志证明商标，加快推进全县苹果产业一体化进程。

在静宁县政府的引导扶持、静宁县苹果产销协会的积极带动服务下，静宁县相继建成了果品加工、贮藏、营销及农资供给等各类涉果企业601户，果品种植及购销合作社566户，家庭农场50户，果品包装生产企业59户。静宁县苹果产销协会依托"静宁苹果"地理标

甘肃省首批、平凉市首家苹果期货交割仓库落户静宁

志证明商标，积极帮助支持会员企业申报注册苹果商标，自2011年以来相继申报注册了"陇原红""常津""伏羲果""陇津霖""盛业金果园"等187件苹果商标。2020年，静宁县苹果产销协会会员企业商标使用已辐射全县24个乡镇，静宁苹果品牌战略的实施及母子品牌战略的融合发展，已真正成为静宁苹果产业发展的品牌模式。

品牌源于品质，口碑来自满意。"静宁苹果"先后获得"中华名果"等17项国字号荣誉、拥有"中国驰名商标"等8张国家级名片、荣获"中国苹果之乡"等9个全国性称号，静宁苹果地理标志产品品牌价值评估连续6年名列同类产品前列，2020年品牌价值达158.95亿元。静宁苹果被列入《中欧地理标志协定》第一批保护清单，期货交割库在郑州商品交易所正式挂牌，实现本土企业在"新三板"上市，携手京东集团认证静宁为京东生鲜苹果供应基地。静

宁苹果以独特的品质和品牌备受国内外消费者的青睐，产品不仅进入国内主要大中型城市，摆上了家乐福、沃尔玛等大型连锁超市的货架，而且还出口欧盟、俄罗斯、北美、东南亚等17个国家和地区，品牌知名度和市场占有率得到显著提升，"静宁苹果"已成为宣传静宁的一张靓丽名片。

媒体宣传报道

历经40年的辛勤耕耘，倾注几代人的心血，依靠独特的地理环境，造就了静宁苹果百万亩的规模和非凡的品质，让静宁苹果享誉全国。2009—2020年，中央电视台先后十多次对静宁县举全县之力、集全县之智谋一果的发展历程和崭新成就，进行了多层次的宣传报

2017 第三届中国果业品牌大会

道。2009年10月29日、2010年7月24日，《新闻联播》栏目先后播出《甘肃静宁：小苹果做成大产业》《甘肃静宁：加长果品产业链 苹果成增收主力》；2013年9月9日，中文国际频道播出《静宁：致富的金果》；2016年9月8日、2016年9月14日、2017年11月14日、2018年11月11日、2020年9月26日，财经频道先后播出《聚焦农业供给侧改革：小苹果怎么做出大产业？》《甘肃静宁：小小苹果推进农业供给侧改革》《甘肃静宁：苹果迎丰收，万名农民依托苹果产业脱贫》《2018中国电商扶贫行动：甘肃静宁县苹果》《甘肃静宁县：依托苹果产业脱贫 年收入近40亿元》；2017年11月18日，《晚间新闻》栏目播出《精准扶贫找对路 飘香水果来帮忙》……这些报道在海内外引起了强烈反响，极大地提高了静宁苹果的知名度和美誉度。

"知道吗？咱们县委书记到北京上电视了！干啥去了？帮咱们卖苹果！"——2017年6月28日，《人民日报》以《县委书记卖苹果》为题对静宁苹果进行了宣传报道。早在2007年12月16日，《人民日报》就以《静宁苹

果出口国际市场》为题，对静宁苹果进行过宣传报道。之后，又于2010年12月5日、2013年3月3日，以《当农业插上信息化的翅膀》《苹果红了 农民笑了——扶贫开发"静宁模式"初探》为题对静宁苹果进行了深度宣传报道，让静宁苹果成为家喻户晓的"金苹果"。

2007年4月5日，《中国质量报》刊发《实施标准化 小苹果走向大世界》，讲述静宁县大力发展苹果产业，使小小的苹果成为全县农民心目中的摇钱树。2009年11月24日，《科技日报》刊发《沙里淘出"金果"——记甘肃静宁三北工程经济型发展模式》，讲述勤劳朴实的静宁人民，利用三北工程发展经济林，从沙里淘出了颗颗"金果"。2014年8月25日，《中国贸易报》刊发《因地制宜上项目 区域规划搞发展——甘肃省静宁县建成全国苹果产业基地》一文盛赞"高原明珠无限美，静宁处处花果山"。2014年9月20日，《农民日报》刊发《静宁苹果借"规划"谋产业升级》，介绍静宁县苹果面积达到101.2万亩，挂果果园50万亩，是全国县级苹果面积最大产区。2016年11月12日，《中国青年报》刊发《静宁苹果不过"双11"》，讲述静宁苹果的电商销售火爆到与"双11"无关，是品质决定了销路。2017年《中国果菜》杂志第一期刊发《静宁苹果"南行"记》长篇报道，记述了静宁人在昆山、上海、深圳、成都、重庆等城市，推介静宁苹果的华彩足迹。2020年2月29日，《农民日报》以《静宁

2016第九届亚洲果蔬产业博览会

农民捐赠武汉江夏3000箱爱心苹果》为题，报道了静宁县800多户乡亲捐赠武汉人民爱心苹果的感人事迹，淳朴善良的静宁果农感动了一座危难中坚守的城市……

2000—2020年，《甘肃日报》全方位地对静宁苹果产业发展进行了大量翔实的报道，累计刊发相关报道98篇，为"吃遍天下苹果，还想静宁苹果"起到了积极的宣传作用。

CHAPTER

 产业拓展

　　静宁苹果产业经过几十年的迅猛发展，不仅成为一项无可替代的绿色富民支柱产业，而且名传海内外，内在潜力多角度释放，为静宁赢得莫大荣光。一业兴，百业旺，在苹果产业发展壮大的同时，不断延伸产业链条，驱动相关行业蓬勃发展，呈现出良性互动的态势。

从现摘现卖到贮藏物流

　　从20世纪80年代的"土果窖"到90年代的"砖果窖"，从21世纪初期静宁常津果品有限责任公司开始引进可控制温度的现代化贮藏设备、建成第一家恒温气调库开始，发展到2020年年底，全县建成现代保鲜贮藏气调库130处、

968孔，年贮藏鲜果蔬菜117万吨。按每孔库造价20万元计，共投资1.936亿元，造就了一个庞大的冷链物流产业体系。同时，也推动了快递物流行业迅猛发展。2020年，全县有静宁县陇源货运有限公司等自营物流公司18家，邮政、京东等快递企业的城乡网点300多个，物流仓储总面积19.8万米^2，年货物吞吐量3.5万吨；农产品上行量240万件，其中苹果占95%。

"十二五"以来，静宁县商贸物流市场体系建设主要以打通静宁苹果为主的农产品上行通道为目的，建成2个大型物流集散产业园、7个商业综合体、11个城乡农贸市场。2012年5月投入资金4.9亿元建设金果博览城，2015年6月底竣工，到

德美冷链物流产业园

2020年为止实现果蔬交易量11.3万吨、农资8.6万吨，提供就业岗位1000多个。2017年6月投资建设静宁县电子商务冷链物流产业园，已投资1.6亿元，是集果品保鲜贮存、包装加工、冷链配送、终端销售和苹果苗木繁育、农村电子商务于一体的现代冷链物流产业园。项目建成后，可年保鲜贮存苹果1.6万吨、冷链配送果品3万吨，将解决静宁苹果商品化处理率低、深加工能力不足的问题，进一步提升苹果保鲜贮存品质，有效降低流通运输环节腐损，持续增强果品季产年销，远距离供应能力。

静宁县依托果品产业，把市场体系建设和发展商贸物流作为第三产业发展的突破口，经过10年的发展，"物流产业园+农贸市场+冷链企业"的物流格局初步形成，为静宁经济发展提供了有效保障。

从满足尝鲜到精深加工

早在2007年，通过招商引资，由深圳市东部开发（集团）有限公司投资建设并引进国际先进设备、加工工艺，建成静宁通达果汁有限公司。这是一家现代化浓缩果汁生产企业，占地面积7.7万米^2，建筑面积2.8万米^2，总投资2.3亿

元，全套生产线具备自动化生产能力，生产线集中了德国贝尔玛公司的WPX-3榨汁机、南京开米超滤系统、兰石化五效蒸发器、西安世博无菌灌装机等先进生产设备，具备加工多种水果的能力，年可生产浓缩苹果清汁

金果实业益生菌发酵车间

2万吨。截至2020年，公司累计生产浓缩苹果清汁1万吨，完成总产值7500万元，实现工业增加值2500万元，为静宁县工业经济指标增长做出了突出贡献。

静宁金果实业有限公司是一家苹果转化加工企业，2016年投资3000万元建成年产1万吨植物益生菌发酵果蔬饮料生产线，为国内大中型乳制品和食品加工企业提供生产原材料，已与夏进乳业、庄园牧场、法贝德食品等知名企业达成合作意向。该项目是甘肃省内第一条、国内第三条生产线，投产后年加工鲜果1万吨，年产植物益生菌发酵苹果原浆7500吨，年可实现产值9600万元，新增利润1350万元。2018年，投建年产原果汁1500吨、脱水与膨化苹果脆片100吨、出口干装苹果罐头4000吨等三条生产线，全面投产后，可实现年产值4.8亿元，利税2900万元，解决300多人就业。

由北京知名餐饮品牌策划人王星投资兴办的甘肃西物优品生物科技有限公司，依托乡镇扶贫车间，把工厂建在产业链上，加工生产苹果脆片、苹果米花等绿色食品，通过西物优品电商平台携手一线城市优质资源销售到千家万户、宾馆饭店。这种独创模式既就近解决了原材料及用工，又带动返乡创业、助农增收，成为苹果产业链上的一个新型企业。

从提篮叫卖到出口创汇

2005年12月8日，静宁常津果品有限责任公司19.95吨套袋秦冠苹果破天荒地在蛇口海关报关，将苹果出口泰国。公司当年出口1500吨，创汇55万美元，开启了静宁苹果对外贸易新纪元，实现平凉市果品出口零的突破。

十九年间，静宁县对外贸易伴随着苹果产业的壮大迅猛发展，进出口额

2019年静宁苹果陆海新通道启运仪式

连年增长。2016年出口额为1.69亿元，同比增长22.42%；2017年出口额为2.24亿元，同比增长32.54%；2018年出口额为4.08亿元，增速达到101.96%；2019年、2020年进出口额虽有所下降，但其中苹果销售额始终占95%，稳居全省前列，全市出口份额占比稳定在80%以上。贸易区域从东南亚扩展到中亚、中东、西欧、澳洲和北美洲等17个国家和地区，崛起了静宁县陇原红果品经销有限责任公司、静宁县盛源果业有限公司等一批荣获"甘肃省外贸龙头企业""甘肃省外贸新兴企业"称号的外贸龙头骨干企业。

近年来，静宁县立足果品产业转型升级和高质量发展，成功创建国家外贸转型升级基地59.5万亩。积极布局海外仓和海外营销档口建设，已在尼泊尔、新加坡等建成海外仓8个、海外营销（展示）中心3个、专柜等销售网点9个，南亚、俄罗斯、北美等地区营销网络服务体系日臻完善。借着"静宁苹果"这个金字招牌，先后组织县内涉果企业参加第33届西班牙国际精品食品及饮料展览会、2019年莫斯科国际食品展览会、2019中东迪拜国际果蔬展览会、中国国际进口博览会、中国进出口商品交易会、中国兰州投资贸易洽谈会、2020年中国-东盟博览会和厦门国际品牌展览会等境内外展会120多场次，"静宁苹果"区域公用品牌效应不断裂变，品牌影响力也逐渐转化成签约订单。2019年11月启动苹果陆海贸易新通道，把果品贸易拓展到尼泊尔、缅甸、泰国等"一带一路"沿线国家，将区位优势转化为竞争优势，加快构建静宁果品贸易开放经济新格局。

从街头摆摊到搭乘电商

近年来，静宁县抢抓"互联网＋"发展机遇，不断加强"静宁苹果"区域公用品牌网络宣传力度，建成了集网店运营、技术培训、电商孵化、网货展示、产品开发、协会协调等于一体的县级电子商务公共服务中心、

主播在线推介静宁苹果

乡级电商服务站（24个）、村级电商服务点（255个）和静宁县农产品质量安全追溯信息平台，初步形成了"政府推动、市场运作、企业主导、社会参与"的苹果电商发展模式。在阿里巴巴、京东、苏宁易购等电商平台入驻各类店铺2400多家，打造了京东商城静宁扶贫馆、苏宁易购静宁扶贫馆、静宁苹果旗舰店、红六福静宁苹果旗舰店、京东陇原红旗舰店、天猫臻果鲜生、村长宣言等网店，建成并运营"静宁名品汇"自主电商平台。2016年，静宁县被商务部确定为国家电子商务进农村综合示范县。截至2019年，全县电商交易额累计达到12.6亿元，苹果电商在带动县域经济发展中的作用日益凸显。

以"电商龙头企业＋产业扶贫公司＋合作社＋贫困户"的模式，带动1万多户农户通过从事果品产业及小杂粮产品网上销售实现增收脱贫致富。2018年，8000多户贫困户以资金入股红六福、陇原红、常津、供销等电商企业，实现户均年分红800元以上；借助静宁扶贫馆、京东生鲜特产馆，已带动超过5000户

扶贫车间忙碌的工人

当地贫困户加入产业扶贫联合体，共销售出静宁苹果等农特产品超15万件，成交额近1000万元。2020年，全县电商企业开办扶贫车间，累计带动贫困户就业达4000余人。

2019年10月，静宁苹

果获得"京东生鲜农场"认证，成为京东生鲜直供基地，填补了京东生鲜指定种植基地在甘肃省的空白。2020年6月，京东数字化物流园开园招商，集在线直播、软件开发、数据存储处理、在线交易处理于一体的新型电子商务科技型企业——静宁欣农科技网络有限公司入驻县电子商务公共服务中心，承接静宁苹果大数据开发、官网运维等项目建设，为加快推动电商扶贫转型升级、大力发展苹果等大宗农产品电商开辟了崭新道路。

历经40年的发展，静宁苹果以其独特的品质、牢固的产业基础和硬核荣誉顺理成章成为网络经济的新宠，"吃遍天下苹果，还想静宁苹果"的口号刷遍自媒体、朋友圈，苹果电商已然成为促进农民增收致富、助力脱贫攻坚、助推乡村振兴的新引擎。

从传统作坊到制造基地

从废纸利用到瓦楞纸生产线，从年产不足百吨到日产数万平方米，从单一造纸到循环利用……随着静宁县苹果产业的不断发展壮大，苹果纸箱包装制造业依托资源优势，孕育出一批优秀企业和品牌产品，在推进工业强县战略和县域经济发展中发挥着重要作用。

在苹果产业的带动下，全县包装业不断调整产品结构，从最初的单一瓦楞纸箱，发展到发泡网、塑料袋、挤塑泡沫、塑料胶带等配套包装材料，各类包

中国纸制品包装产业基地（静宁）

装产品在质量、品种和功能等方面取得了较大提升，已成为全县工业领域的优势产业。2020年，全县形成了上规模的3家纸箱包装企业即恒达、欣叶、中正，固定资产总额达到10亿元，从业人员3000多人，拥有瓦楞纸板生产线13条，造纸生产线5条，以年产纸箱3.1亿米^2、造纸16万吨的产能占到全省的40%。2010年，静宁县被中国包装联合会命名为"中国纸制品包装产业基地（静宁）"。2020年，全县规模以上包装企业实现工业总产值2.9亿元，完成工业增加值3500万元，累计生产各类纸制品包装箱9.2万吨。

甘肃省静宁工业园区集聚的包装生产企业，形成了规模化、基地化发展的格局。各企业积极实施以引进先进设备、提高工艺水平、节能减排为主的技术改造，促使全县包装业技术装备水平得到了显著提升。静宁县恒达有限责任公司的30万吨废纸及固体废弃物综合利用项目，拥有2条10万吨箱板纸生产线，年回收废纸40万吨，箱板年产能达30万吨，纸包装产品年产能1.1亿米^2。静宁县欣叶果品有限责任公司的3条瓦楞纸板生产线、高速水墨印刷机、高速自动碰线机、圆压圆模切机等设备在西北地区处于领先水平。

从田间炕头到文旅融合

"静宁苹果伴您致远"，这是甘肃省委书记林铎的推介语；"讲好'静宁苹果'故事永远离不开文化的支撑"，静宁县委书记王晓军如是说；"让物质意义上的静宁苹果，突破时空限制，以文化的姿态进入消费者的视野"，静宁县委宣传部长吕锦鸿认为。为了打造静宁县苹果文化，提升静宁苹果文化产业的内涵，扩大静宁苹果在海内外的影响，提高农民果业收入，静宁县抓住国家长征文化公园（静宁段）、全省华夏文明传承创新区建设重大机遇，深度挖掘红色文化内涵、成

界石铺红军长征毛泽东旧居纪念馆

35度苹果谷景区摄影采风活动

纪历史文化内涵和农业文化内涵，有力地推动了静宁文化和旅游业的融合发展。

近年来，静宁县委、县政府采取"政府主导、社会参与、企业运作"的方式，在余湾乡打造了一处集地方历史文化、区域民俗生活、休闲旅游养生、绿色有机苹果生产为一体的苹果文化旅游观光园，占地面积8000亩，总投资达5000万元。观光园被飞天杂志社、甘肃省音乐家协会、甘肃省舞蹈家协会确定为"余湾艺术实践创作基地"。依托静宁苹果百万亩基地，紧抓静宁苹果品牌优势，将苹果文化与乡村旅游扶贫相结合，在城川镇打造了一处集苹果产业、乡村扶贫、生态休闲为一体的休闲农业观光谷——35度苹果谷景区。界石铺、雷大、细巷、曹务等乡镇依托产业公司分头打造高堡驿站、田园综合体、仙人峡名胜景区、一掀土民俗文化纪念馆、张屲民俗园等。这些工程不仅吸引了大量的工商资本和社会闲散资金投资苹果产业，更是打造了静宁苹果文化，成为静宁人民脱贫致富、迈步小康道路上的一道靓丽风景线。

每年举办的静宁苹果节，真可谓是一次精神与文化传承的饕餮盛宴。一幕幕以苹果文化为主题的精彩戏曲演唱、全国"静宁苹果杯"书法作品展、"我为静宁苹果写首诗"全国诗人写静宁苹果诗歌创作活动、"葫芦河杯"华人诗文大奖赛、书画艺术家走进果乡等系列活动，让苹果文化与成纪文化、红色文化一道成为塑造静宁精神的灵魂骨架。

静宁苹果极大地丰富和改善了民俗文化。依靠苹果产业发展过上富裕生活的静宁人民，不仅摆脱了过去"穿的黄衣裳，吃的救济粮，脚踏银行，头枕仓房"的窘境，而且引领了"民以食为天，食以果为先"的饮食观念新转变。如今，进入寻常百姓之家的苹果，已成为养生饮食文化不可缺少的一部分。

CHAPTER **8**

重点基地

　　静宁县地处世界公认的北纬35°苹果黄金生产带，2001年被国家林业局命名为"中国苹果之乡"，2003年被农业部列入黄土高原苹果优势区，2019年被农业农村部、国家林草局、国家发改委等九部委联合认定为中国特色农产品优势区（第二批）。多年来，静宁县形成了以种植基地为压舱石、以种苗基地为孵化园、以科研基地为金钥匙的果业生产布局，苹果种植面积稳定在百万亩以上。这些重点基地的强力支撑，让昔日贫瘠甲天下的静宁脱贫致富，48万人端上了金饭碗，挺直腰杆向小康社会阔步前行。

李店镇：颂成纪果业，谋乡村振兴

　　李店镇，古成纪之地，位于静宁县南部乡镇的几何中心，交通便利。全

镇有耕地面积7.9万亩，其中果园面积达到7.5万亩，挂果果园面积5.43万亩。2019年，全镇人均果产业收入在1万元以上，苹果产业已成为李店镇经济发展的聚宝盆和群众增收致富的摇钱树。

苹果产业成为李店镇经济发展的聚宝盆

苹果标准化建设成绩显著。近年来，李店镇持续完善镇、村农技服务体系，组建土地流转服务中心，落实果业保险、金融信贷等支农惠农政策，服务保障果业发展。大力推动果园规模化、标准化、机械化、市场化建设，组建农民专业合作组织63个、10亩以上种植大户2200多户，建设现代苹果标准化示范园31处。按照"企业＋合作社＋基地＋农户"的发展模式，实行苗木、农资、农技、建园的标准化管理，苹果优果率达90%。

苹果产业化体系逐步完善。李店镇积极培育产地交易市场，多方开辟外地直销市场，参加各类果品展销、推介会，加大宣传促销力度。全镇共建成苹果专业合作社42个、气调贮藏保鲜库27处，形成了以果业销售公司为龙头、果品经纪人为补充的经销网络，开展"品牌、销售、物流"三统一服务，带动全镇苹果产业对接国内外客户，构建产、加、销一体化产品营销体系，初步形成了种苗繁育、技术推广、贮藏增值和产前、产中、产后相配套的产业体系，为消费者提供优质、高效、安全、放心的果品。

李店镇细湾村苹果基地

苹果产业转型升级发展势头喜人。李店镇大部分川区果园都是20年以上的老树，还有一部分果园在新旧品种交替期。李店镇依托村党支部开展走访调查、摸底，与果农算经济账，通过宣传引导、村党支部组织推广、党员示范带动参与，老果园改造、果园托管、农村"三变"改革、创建扶贫公司等模式在成纪大地迅速推广。新植矮化密植果园1600亩，建成了李店镇育苗基地，全镇17个行政村联合组建了产业扶贫开发有限公司，其中8个村级发展资金和贫困户的产业发展配股资金已与静宁县顺源农资专业合作社、静宁县果园红果业农民专业合作社等9个合作社，静宁润仕果业有限责任公司、静宁县鑫源果业发展有限公司等6家果品龙头企业，以及3个扶贫车间、2个产业扶贫示范基地签订了协议，确保贫困群众稳定增收。

治平镇：争做苹果产业排头兵

治平镇位于静宁县西南部，总面积72千米²，下辖12个村80个村民小组、3138户14 185人；总耕地面积5.5万亩，人均占有耕地3.88亩。治平镇先后获得"中华名

治平镇杨店村丰产园

果""中国优质苹果金奖""北京奥运推荐果品评选一等奖""中国优质苹果百强乡（镇）"等荣誉称号。2019年，全镇果园面积达5.3万亩，其中挂果果园面积4.28万亩，果品总产量达6.62万吨，果品总产值3.972亿元，户均果品收入12.66万元，人均果品收入2.8万元。

强化科技支撑，不断提升科技建园、科技管园水平。对幼龄园，着力推广间作套种、果盘覆膜、抹芽拉枝、追肥灌水、病虫害防治等五项关键技术，解决了群众幼园期增收难问题，为长远发展奠定了产业基础。对丰产果园，推广实施了高光效树形改良、测土配方施肥、节水灌溉、果实套袋、生物防治、地面覆盖等六项果品提质增效技术，每年完成综合推广面积1000亩以上，果实套袋率在90%以上，走出了山旱地果园压砂覆膜生产新模式，提升了果业整体发展水平。

始终坚持靠品牌打市场，向品牌要效益，加快基地认证步伐。2007年9月，刘河、大庄、雷沟3个村的3000亩红富士苹果顺利通过中国质量认证中心良好农业规范基地一级认证，使治平镇成为全省苹果良好农业

治平镇苹果展厅

规范基地认证第一镇。2009年4月，又在雷沟村通过良好农业规范认证基地认证1000亩。通过典型辐射带动，全镇果园种植效益稳定提升。

完善体系拓市场。先后扶持成立了静宁常津果品有限责任公司等果品储藏加工企业28家，其中国家级龙头企业1家，不仅使全镇果品实现了就地贮藏、就地增值，而且带动了周边乡镇苹果产业的健康发展。2005年，静宁常津果品有限责任公司果品出口泰国，实现了静宁苹果出口创汇零的突破。2007年，静宁常津果品有限责任公司生产的静宁苹果，获得北京奥运推荐果品评选一等奖。通过"企业＋协会＋基地＋农户"的产业化经营模式，探索走出了农户与企业利益共享、风险共担的统购统销终端模式，提高了农业抗风险能力。

持续发展增后劲。针对全镇川区果园严重老化、品种日渐落伍、现代化程度低的现实问题，2017年开始实施老果园改造示范。2019年，全镇已建成雷沟村胡家塬1000亩、阴坡村秋子川500亩老果园改造示范点，打造了胡家塬现代有机农业生产基地，为全镇老果园改造提升探索出一条经验之路，为做强做优全镇果品产业激发出新的内生动力。

仁大镇："静宁小江南"苹果别样红

仁大镇位于静宁县最南端，葫芦河、李店河、清水河三河交汇，素有"静宁小江南"的美誉。全镇辖19个村114个社、6859户25 600人，果园面积达7.4万亩，其中挂果果园面积6.91万亩，是中国果品流通协会命名的"中国优质苹果基地百强镇"。2019年，全镇苹果总产量10.02万吨，果品总产值7.2亿元，人均果品收入2.8万元，果品收入占农民总收入的95%。

打造仁大品牌，做好苹果原产地保护。2017年，通过了"静宁仁大苹果"生态原产地保护产品认证。通过建立可追溯信息系统，对苹果种植过程中的投入品、果园管理、采收情况、果库管理、果品发运、经销企业

川区果园

信息进行上传备份；同时，采取"农户＋企业＋合作社"的模式，单果加贴二维码标签实施溯源。消费者通过扫描二维码可以查看仁大苹果种植、采收、储存、发运全过程，并查询经销商信息，实现种植、销售快速对接，仁大苹果从此有了自己的"身份证"，有效保护了"静宁仁大苹果"品牌。

创新发展理念，强化科技支撑。加快推进由数量型向质量效益型转变，建设了西山梁流域绿色生态有机苹果示范区3500亩，建成了高沟、解放、刘川、故坪等9个村苹果文化采摘体验园，打造了优质的山地砂田有机苹果。规范化运营村集体电商服务站1处，按照"公司＋村集体＋合作社＋农户"的模式，标准化管理果园1万亩，引领全镇绿色有机果品产业扩面提标，提升苹果产业集约化、组织化生产经营水平。大力实施新型果农培训工程，积极衔接县林果业部门和电商培训部门，着力培养一批懂技术、善管理、会经营、善销售的农民持证技术员和职业果农。着力在防灾减灾、物理防治上加大投入，推广使用有机肥、人工辅助授粉，发展节水灌溉，为果业发展保驾护航。

仁大镇苹果展厅

延伸果业链条，提升整体效益。全镇有果品贮藏企业14家，年贮藏量20万吨，果业合作社（协会）80个，果品经纪人1410人，包装生产企业9家，拥有出口自营权企业2家，发展线上线下联营店6家。按照"县供销集团＋基层供销社＋农民

专业合作社＋农户（贫困户）"的运行模式，充分利用村级集体经济发展资金，投资404万元，建立健全苹果产业扶贫体系。2018年成立了静宁县众康产业扶贫开发有限公司，秉承以"科技引领、农技支撑、农资配送、劳务跟进"的发展思路，全面服务仁大果品产业的发展，为率先创建全县乡村振兴示范乡镇奠定了坚实的产业基础。

贾河乡：企业领跑，苹果产业高质量发展

贾河乡位于静宁县城南77千米，属纯山区乡镇，总面积62千米²，辖9个村79个社、2390户11355人，耕地面积6.7万亩，其中果园面积6.6万亩，挂果果园面积5.02万亩。2018年，全乡果品产量4.4万吨，亩均纯收入1.2万元，果品总

贾河乡苹果基地

收入2.64亿元，人均果品收入2.3万元。苹果产业已经成为贾河乡人民脱贫致富的支柱产业。

坚持政府主导原则，实现市场化运作。与静宁成纪投资发展有限公司名品汇电商项目合作，规范化建设了26家农民果品专业示范合作社，定期为合作社负责人和本土果品经纪人举办培训班，提高他们的经营水平和营销能力；以静宁"名品汇"电商平台为基点，打造本乡自营电商品牌，积极构建线上线下的电子商务营销体系，以品牌促进销售，以销售强品牌。

依托平台资源，缩减资本化路径。依托线上运营的静宁农特产品"名品汇"平台和天猫旗舰店，线下运营的贾河苹果服务中心、"静宁苹果·贾河"实体店，以及在建的兰州、平凉高速服务区实体店，全力推进苹果集中营销进程。同时在生产、仓储、加工等环节标准化经营，缩减资本化路径，实现苹果产业产前、产中、产后全链条服务。

强化品牌优势，提升全产业水平。以县域南部乡镇"十乡百村"优质苹果

贾河乡苹果文化艺术节现场

生产示范区的创建来促进果品提质增效。通过安装除霜机、太阳能杀虫灯，建设提灌站、配套滴灌管网，实施水肥一体化管理、人工辅助授粉等现代果园管理技术，全面推广树形改良、配方施肥、病虫害综合防控等提质增效技术，提高果园管理水平。与甘肃德美地缘现代农业集团有限公司、静宁县陇原红果品经销有限责任公司共建合作园、托管园、创业园，建成高窑川子核心示范区1000亩，使优果率达到85%，平均生产效益提高150%以上，正常亩均纯收入1.5万元以上。

创建经营架构，推动多产业融合。按照农商文旅融合发展思路，在全乡建成绿色通道75千米，沿途打造苹果文化小景观20余处，建成了集休闲垂钓、生态采摘、林下养殖为一体的苹果文化示范园2处、采摘园6处。同时，每年春季在全乡举办赏花节、秋季举办赛园赛果活动和苹果文化艺术节，大力发展以生态观光、休闲采摘、民俗体验为特色的乡村旅游，进一步提升了贾河乡山地苹果的品牌知名度，实现了农业产业共享、融合发展。

深沟乡：深沟里的优质苹果

深沟乡位于静宁县西南部，辖8个行政村、46个村民小组，人口7024人，现有果园4.7万亩。20世纪90年代以来，深沟人民依托区位和资源优势，大力改善农业基础条件，积极调整产业结构，已全面形成"果品主导、瓜菜搭配"的产业格局。

坚持行政推动，夯实产业发展基石。"两山夹一沟"是深沟地理位置的典型写照。深沟乡原有地貌破碎、沟壑纵横，95%以上耕地是山坡地，以农作物种植为主，不利于果树的栽植。自2010年年初至2018年年底，全乡先后在北山、南山两梁流域开展土地整理，共计平整梯田3万余亩，使全乡耕地基

本实现了梯田化。在果园栽植初期，按照"以点示范、全面覆盖"的思路，逐步在北山梁流域的深沟、小户、孙山3个村打开局面，奠定了全乡果产业发展基础。在果园新植和标准化管理上，积极争取项目资金，提供优质苹果苗木、农膜等，乡村

深沟乡老果园改造示范基地

干部分片包户、责任到田，带着群众干，干给群众看，极大地促进了苹果产业的发展。

实时创新观念，科学栽植管理果园。建设了大岔、联民、麦顶3个村绿色生态有机苹果示范区5000亩，按照"村集体＋龙头企业＋合作社＋片区＋农户"模式，进行标准化管理，引领全乡绿色有机果品产业扩面提质，在南部乡镇创建了优质苹果生产示范区。在深沟、小户2个村建成300亩老果园改造示范基地，推广矮化密植、拉网减灾、病虫防治、增施有机肥、节水灌溉、人工辅助授粉等果园建设新技术，实现果园种植标准化、管理科学化、产业生态化。每年在苹果成熟季节开展"赛园赛果赛技"评优选先活动，保证每户至少有一名务果的行家里手。

苹果筛选及分类

着力塑造品牌，打造深沟特色模式。依托"静宁苹果"驰名商标和地理标志保护产品，进一步打造"深沟苹果"品牌和知名度，大力发展果品藏储物流业。全乡共建成果品贮藏企业4家，年贮藏量3万吨，果业合作社（协会）32个，建成1个乡级电商服务站和8个村级电商服务店，在线上销售深沟苹果。同时，动员深沟籍400多名在校大学生建立自己的电商平台，宣传销售家乡优质苹果。

余湾乡：苹果产业成为富民强乡的支柱产业

余湾乡地处静宁县东南部，总面积50千米^2，辖9个村、2258户10 725人，有耕地面积4.4万亩。截至2019年年底，全乡果园面积突破4万亩，其中挂果果园面积达到3.52万亩，人均果园面积3.7亩。

余湾乡苹果交易信息中心

先进技术加速推广，标准化生产步伐加快。采取"党总支+产业支部+党员+基地+农户"模式，把"支部建在产业链上、党员聚在产业链上、群众富在产业链上、品牌树在产业链上"作为党建引领主导产业发展的新路子，培育创建了38个党员示范园和156个党员责任田，形成党总支示范抓产业、产业支部示范抓基地、党员示范抓特色的"金果之乡党旗红"产业党建新品牌。加强技术队伍建设，根据不同的生产季节，采取集中与分散结合、课堂与现场相结合的方法，培养了2000多名农民技术员，使全乡果园管理水平不断提高。强化合作社带动能力，使合作社发挥生产经营、对接市场的桥梁纽带作用，构建企业、合作社、农户互利共赢的合作模式，打通为农服务的"最后一公里"。

龙头企业蓬勃发展，产业链条日趋完善。建成了红六福、映山红、惠农果业等3家现代化贮藏气调库，引进甘肃德美地缘现代农业集团有限公司、静宁县金果实业有限公司、静宁沁园春酒业有限责任公司等3家加工增值型龙头企业，发展果品产业专业合作社51个，初步形成了技术推广、贮藏增值、加工转化紧密衔接，产前、产中、产后相互配套的产业体系。深入挖掘苹果文化，依托王坪、张沟、韩店3个村的绿色有机苹果种植基地，规划

苹果树绿遍乡村

初建4馆、3院、2场、2亭、2基地、1廊、1池、1泉，建成王坪现代农业观光示范园。在胡同、王坪2个村积极探索"田园综合体"发展模式，加快发展以"吃农家饭、住农家院、摘农家果、干农家活"为主的游园赏花采摘、农耕体验等新兴业态。每年4月举办苹果赏花节、9月举办苹果采摘节活动，着力打造"春赏花、夏消暑、秋摘果、冬赏雪"的旅游观光景点，使苹果产业与乡村旅游有机融合、良性互动，有效促进了产业发展和农民致富增收。

2019年，全乡苹果产量达到5.06万吨，产值接近2.53亿元，全乡农民人均果品收入达到2.3万元，占人均收入的90%。据调查，2019年全乡果品收入上百万元的村达到9个，上万元的户达2200多个，亩收入最高的达3.6万元，户收入最高的达23.5万元。依靠苹果产业，全乡3930人实现脱贫致富。

新店乡：苹果成为实现全面小康的脱贫果和致富果

新店乡地处静宁县西南部，省道S222线穿乡而过，总面积64千米²，辖8个村54个社、2113户8303人。2019年，全乡果园面积达到3.8万亩，果品产业体系基本形成，苹果生产逐步进入生态循环农业发展轨道。

创建标准示范园，拉紧生态农业链。坚持走"耕地果园化、管理标准化、生产有机化、示范精品化、营销品牌化"的"五化"发展路子，全力推进"三级五类"示范园建设，同步发展川区一线老果园改造。充分利用农村沼气资源丰富的优势，探索推广"肥水一体化"简易滴灌技术和"果-沼-畜"互支互促生态有机化管理措施，提高苹果有机含量。同时，坚持走"草喂牛-牛产粪-粪供果"的有机生态循环产业发展道路，引进甘肃陇兴畜牧业有限公司和甘肃正

通有机肥有限公司等龙头企业建办基地，加快了苹果有机化进程，实现了生态环保和经济发展双赢。

新店乡当亭川

提升果品质量魂，拓宽销售渠道网。加大果园管理培训力度，全面推行"一年定干、二年重剪、三年拉枝细管、四年成形挂果、五年丰产"的早产丰产栽培技术，以及树形改良、覆膜免耕、辅助授粉、配方施肥、覆设黑膜、群防群治等标准化稳产高效管理技术。截至2019年，已高标准完成果园新植2000亩，完成挂果果园标准化管理5000亩，有机苹果年产量1万吨。同时，通过村"两委"领办、龙头企业联办、致富带头人领办等"三办"模式，创新了"线上＋线下"销售的网络化组织体系，让专业合作组织在上联市场、下联果农、抗击风险、实现无缝化销售链条中发挥了积极作用。2019年，全乡共建办各类果品专业合作组织17个、乡级电商服务中心1个、村级电商服务站8个，有力且有效地促进了商品果率的提升。

创新果业体系模式，助推脱贫成效显著。按照"龙头企业＋合作社＋农户(贫困户)"的模式，引进静宁县金果实业有限公司，采取固定分红＋效益分红、入股分红、创业分红、兜底保护价收购、发挥企业带动优势等五种措施，

苹果象棋比赛

采取抓点示范、辐射成片的做法，大力发展山地有机苹果，果品收入逐年上升，已成为群众增收致富的"致富果"。按照"公司＋基地＋协会＋农户"的发展模式，培训农民技术员和经纪人24名，建成果品贮藏企业2家，贮藏量为1.8万吨，初步形成了产、贮、销相互配

套的产业体系。

2019年，全乡挂果果园面积达到2.4万亩，果品总产量3.41万吨，果品总产值11 594万元，农民人均果品收入1.3万元，占农民人均纯收入的89%以上，全乡有4231人依靠发展苹果产业实现了稳定脱贫，苹果成为全乡实现全面小康路上的"脱贫果"和"致富果"。

雷大镇：打造山地果业，助力脱贫攻坚

雷大镇位于静宁县中南部，距离县城32千米，总面积97.8千米²，为山地苹果优质种植区。雷大镇95%的农村家庭依靠苹果产业增收致富，苹果产业在全镇实现精准脱贫工作中发挥了不可替代的主导作用。

立足乡情，充分发挥地域优势。近年来，雷大镇以

山地苹果采摘园

打造"雷大山地苹果"品牌为目标，不断在扩张规模、标准化生产、完善服务体系、延伸产业链条等方面做文章，在果品产业扩量、提质、增效、创牌等方面已取得了新成效，初步建立起以"三线三带"为主的苹果产业发展格局。2019年，全镇果园总面积7.3万亩，其中挂果果园面积4.95万亩，果品总产量6.47万吨，果品总产值1.38亿元，人均果品收入0.6万元，占农民人均纯收入的68%。

"合作社＋"撑起产业扶贫新模式。雷大镇借助农村"三变"改革契机，整合农业农村资源，探索推行"合作社＋村集体＋贫困户"的产业扶贫新模式，积极培育壮大苹果产业，夯实脱贫攻坚基础。积极引进静宁县陇原红果品有限公司、甘肃盛峰沐阳农业科技有限公司这两家企业，建成大型贮藏营销企业7家、果品专业合作社12家、家庭农场2家，吸收入社社员2000多人，与农户建立紧密的利益联结关系，为果农提供农资供应、技术指导、市场信息、

雷大镇有机苹果种植示范园

产品营销等服务。加大示范基地培育力度，建成静宁县陇源红果品专业合作社联合社、静宁县盛林红果品农民专业合作社优质苹果示范园，充分发挥果业合作联合社对上承接扶贫资金、居中联结龙头企业、对下带动贫困户的桥梁纽带作用，做优雷大苹果产业脱贫示范带，扎实推进脱贫攻坚工作。

融合多项举措，引领脱贫致富。雷大镇立足镇情民意实际，大力发展苹果文化旅游，让产业融合发展成为拉动全乡果业发展新的增长极。通过邀请果业、规划设计等专业人员及民俗文化专家，深入挖掘苹果文化内涵，科学制定了苹果产业和文化旅游产业融合发展的长期规划，打造雷大仙人峡旅游景区，使乡村旅游成为人们增收的另一渠道；建设屈岔、陈局、黎沟等一批静（宁）秦（安）公路沿线的采摘园，每年吸引大量游客前来赏花、采摘，大大提升了雷大山地苹果的知名度，使雷大苹果远销海内外。

双岘镇：森林小镇，金果飘香

双岘镇位于静宁县中南部，总面积78千米²，耕地5.3万亩，辖12个村91个组、3410户1.34万人。全镇森林保有面积8.03万亩，其中公益林面积3.92万亩、商品林面积4.11万亩，退耕还林面积15 139.6亩（含生态林9942.3亩），森林覆盖率达68.6%。现有果园面积4.12万亩，年总产量5.93万吨，年总产值1.95亿元，人均果品收入2万元以上。2019年，双岘镇被评为"甘肃省省级森林小镇"。

甘肃省省级森林小镇——双岘镇

40年来，双岘镇历届政府久久为功谋一果，坚持把苹果产业发展作为调整产业结构、促进农民增收、推动农村经济发展的一项重要举措，组织带领全镇人民大力发展苹果产业，坚持高目标定位、高起点规划、高标准建设，苹果产业已成为全镇经济发展的主导产业和农民稳定增收的支柱产业，苹果产业收入占到农业收入的80%以上。

站在新的历史起点上，双岘镇提出了"把双岘建设成为全县经济生态融合发展示范乡镇"的目标，着力破解产业发展后劲不足、品种结构不尽合理、主栽树种比较单一、果品成熟期过于集中、难以有效规避市场风险、抵御自然灾害能力不强、服务体系不够完善、中介组织发展缓慢、生产经营组织化程度较低等瓶颈制约。深入实施"扩量、提质、创牌、增效"工程，按照改造乔化、推广矮化、因地制宜、创新发展的思路，聚力建设和巩固提升雷（大）双（岘）公路沿线标准化果园管理示范区、长岔-王岔流域和页沟流域经济生态融合发展示范区三大示范区。建设现代苹果订单式种植示范基地10处、示范点7处、示范园15处。扶持静宁县陇山鸿果品农民专业合作社联合社发展壮大，带动全镇43个农民专业合作社规范提升和有效运营。以雷（大）双（岘）公路和12个行政村村组硬化道路为主线，持续打造绿色通道134.5千米，全力推进生态提升行动，巩固提升森林小镇建设成果，着力打造页沟村国家级森林乡村示范点，使苹果产业经济效益、社会

双岘镇页沟村千亩生态果园

效益、生态效益、人文效益相统一，真正实现"果业强、果农富、果乡美"。

威戎镇：果品产业引领乡村振兴

威戎镇是静宁县果品产业发展起步早、产业经营成果高的万亩果园乡镇之一，2018年被列入全国农业产业强镇示范建设名单。2019年，全镇果园面积6.3万亩，果品产业适宜区栽植实现了全覆盖。

武家塬高效农业示范园

地理区位优势优越。威戎镇地处静宁县中心地带，素有静宁"天心地胆"之称，距县城20千米，总面积97千米²。静庄高速、218省道、静秦公路穿境而过，境内地势平坦、交通便利，是连接静宁南北乡镇的中心枢纽区。全镇东西宽12千米、南北长12千米，辖17个村94个社3.2万人，耕地面积6.5万亩。地处甘渭河和葫芦河交汇的河谷平缓地带，土壤肥沃，农田灌溉方便，是葫芦河流域一二三产业融合发展的核心示范区。

产业发展基础强劲。按照全县总体布局，先后建成以滨河路沿线、静庄公路沿线为重点，新华和新胜三变改革示范园、杨桥下沟矮化密植示范园、北关休闲采摘示范园、武家塬高效农业示范园和现代设施农业日光温室反季节水果基地的"两线四园一基地"扶贫产业示范区，带动全镇果园面积达6.3万亩，年果品产量5.71万吨，农民人均果品收入3850元；加快推动梁马、李沟、张齐3个村建成产业兴旺、生态宜居、乡风文明、治理有效、生活富裕的美丽乡村。

威戎镇智慧苹果产业园

产业体系健全完善。推行"乡镇党委、政府＋镇产

业公司＋村'两委'班子"行政管理和"党组织＋企业＋合作社＋基地＋农户(贫困户)"市场运作的"双轨"运行机制，结合实施三产融合兴村强镇项目，建成通达果汁、恒达包装、沁园春果醋、惠民果库、泰润电商、凌美家庭农场等全链条产业服务体系和线上线下营销体系18家，年储藏果品4.5万吨、加工果品0.7万吨，组建苹果产业合作社17家，创办扶贫车间2家，搭建了大市场联结小农户的生产经营链。

扶贫带贫效应良好。积极探索发展生态观光、休闲采摘、乡村旅游、田园综合体等新兴产业，大力推广土地规模流转、集中连片建园、院企合作管理新模式，引进四代嘎拉、九月奇迹、福布拉斯、蜜脆、富金、华硕、烟富6号、烟富8号等新品种，集成运用矮化密植、宽行窄株、大苗建园、纺锤树形、覆膜滴灌、行间生草、肥水一体、机械作业等现代苹果栽培新技术，带动全镇482户贫困户依托果品产业稳定实现脱贫致富，为建设农业更强、农村更美、农民更富的美丽乡村提供坚强的产业支撑。

城川镇：小苹果撬动脱贫致富大产业

城川镇位于静宁县城南郊，辖10个村59个社、4333户17 605人，总面积84千米²。现有果园面积5万亩，其中挂果果园面积3.3万亩，户均果园面积11.5亩，人均果园面积2.84亩，是静宁县苹果产业发展起步早、集中连片程度高、带户增收效果好的乡镇之一。

滨河路沿线现代农业示范带

依托"三变"改革，让产业资源"活"起来。充分利用当地资源优势，及时成立静宁县城川镇供销合作社、静宁县绿鑫源农业产业扶贫开发有限公司等镇级平台载体和10个村"两委"班子领办的村级合作社，着力打造"党支部＋'三变'＋苹果产业"的脱贫模式，探索形成土地股、资金股、劳务股等股权形式，盘活了农村资源，打破"小打小闹、各自为政"的发展格局。先后在冯局、红旗、靳寺、大寨、吴庙、咀头等村建设脱贫模式示范园 2085 亩，唤醒闲置和低利用率土地 2085 亩，"三变"参与入股受益群众 695 户 3127 人。

强化典型带动，让苹果产业"旺"起来。以果园标准化管理和现代化经营为抓

城川镇东山梁果品标准化生产基地

手，精心培育了牛站沟流域果园标准化建设示范带、东山梁流域老果园改造示范带、滨河路沿线现代农业暨吴庙老果园改造示范带、靳寺 300 亩现代有机苹果示范带等 4 个优质果产业典型示范，苹果产业逐步形成了向苹果旅游、现代农业快速迈步的良好势头。

培育经营主体，让龙头企业"强"起来。着眼生产与销售紧密联结、基地与市场有效对接，打造静宁县现代苹果高新技术示范基地、静宁县农产品电子商务冷链物流产业园、德美地缘现代有机苹果示范基地、吴庙老果园改造示范基地、陇原红果品销售示范基地等，培育省级龙头企业 1 户，组建了 15 个果品专业合作社，吸纳社员 1681 户。通过"企业＋合作社＋农户"的发展模式，带动发展家庭农场 14 户、50 亩以上果园大户 59 户，新建矮化密植栽培模式示范园 4320 亩，促进栽植方式由乔化栽培向乔矮结合转变、经营方式由单家独户向产业化经营转变。

坚持产业扶贫，让贫困群众"富"起来。通过引进龙头企业兴办创办生产型、加工型、商贸型、物流型合作社，鼓励和组织农民以承包土地经营权、林地（果园）经营权等入股，特别是缺劳动力家庭、常年外出务工家庭、撂荒地集中的，以土地、劳务收入股份合作，连片规模发展大产业、建设大园区、带动大扶贫。城川镇成立的静宁县绿鑫源农业产业扶贫开发有限公司和村级合作社，采取"公司（合作社）＋贫困户"的模式，引导农民进行合股联营、合作生产，让能人扎住根，让村集体壮大，让贫困户脱贫。

2019 年，全镇苹果总产量达到 4.25 万吨、总产值 1.53 亿元，人均果品收入 0.87 万元，依靠果品产业脱贫 2044 人，贫困发生率由 2014 年的 12.47% 下降到 0.86%。

苹果种苗基地：推进苹果产业转型升级

面对苹果种苗多元化发展趋势，静宁县以生态扶贫、苗木繁育供应、林果产业提质增效等项目为抓手，加快苹果种苗基地建设，全力助推林果产业不断壮大，努力走出了一条基地孵化与果业强劲发展相结合的新路子。

静宁县现代苹果高新技术示范园。示范园位于城川镇红旗村，2016年开始建设，总面积500亩，累计投资2000万元，主要建成良种苗木繁育区、新品种试验示范区、新模式栽培试验示范区、设施栽培试验示范区、休闲观光采摘示范区。其中新品种试验示范区引进试验蜜脆、艾斯达、瑞雪、瑞阳等苹果品种147种，主要用于筛选培育适宜静宁栽植的新优品种，推进全县苹果品种由单一晚熟向早、中、晚熟多样化发展。新模式栽培试验示范区采用了先进的宽行窄株、肥水一体、行间生草、地面覆盖等现代苹果栽培技术，探索不同立地条件机械化、省力化栽培新模式。2018年中国投资有限责任公司投资650万元建成苹果良种苗木繁育基地，于2020年出圃127万株三年生优质苹果大苗，为全县21个乡镇的10 119户贫困户帮建2万多亩高标准果园。

静宁县现代苹果矮化密植示范园。2019年3—5月，在滨河路沿线威戎杨桥下沟段投资建成静宁县现代苹果矮化密植示范园。园区占地800亩，总投资1300万元，引进栽植烟富6号、华硕、延长红、富金、九月奇迹、蜜脆、福布拉斯等12个优良品种（系）的3年生自根砧脱毒优质苹果苗。园区与山东农业大学、静宁县果树果品研究所、甘肃静宁苹果院士专家工作站等科研单位合作，及时掌握果树前沿新技术，促进技术设备更新升级。

静宁县35度苹果谷。2019年，在城川镇东山梁，以葫芦河流域河谷为

静宁县现代苹果矮化密植示范园

依托，建成苹果高新技术示范园——35度苹果谷，总面积600亩，完成投资2000万元。示范园内全部采用大苗建园、高纺锤树形整形、喷灌滴灌、肥水一体化、行间生草、地面覆盖等现代苹果栽培技术，力争建成一流的有机苹果生产园区；建成苹果良种育苗基地130亩，年可出圃优质苹果苗木100万株以上，创收500万元以上。

苹果苗木标准化育苗基地

静宁县苹果国家林木种质资源库。该项目投资399.44万元，在威设镇梁马村、城川镇红旗村、平凉机电工程学校实验基地建成静宁县苹果国家林木种质资源库300亩，其中收集区165亩、扩繁圃75亩、测定林60亩。保存资源份数已达到170余份，已保存八棱海棠、T337、烟富3号、艾威、乔纳金等优良的基砧、中间砧等品种71份，其中基砧3种、矮化中间砧20种、优良品种42种、授粉树6种。截至2017年年底，从山东、陕西、辽宁等地引进的新品种38个1192株、接穗89种890条，已全面完成品种栽植和接穗嫁接工作，并详细制作了品种标识牌，建立了电子及纸质档案。

静宁县果树果品研究所：为苹果栽培打造"金钥匙"

静宁县果树果品研究所是静宁县委、县政府于2013年10月成立的集苹果新技术、科技新成果、果树新品种、栽培新模式引进、试验、示范、推广为一体的果业科研机构，现有专业技术人员12人，其中高级职称4人、中级5人、初级3人。研究所成立以来，先后编制完成了《静宁苹果"十三五"发展规划》《静宁苹果标准》《静宁苹果标准化生产技术》等规划方案和技术标准；主持完成了"苹果新优品种'成纪1号'选育及标准化栽培技术研究与示范"课题，获得2015年度甘肃省科技进步奖二等奖；完成"苹果高光效管理

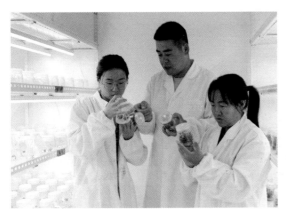

查看苹果主培苗生长情况

技术""红富士苹果早果优质丰产栽培技术"课题，为全县苹果产业发展提供了有效的技术支持；选育出成纪1号、静宁1号等具有自主知识产权的苹果新品种，并达到国内领先水平。

一是推广先进适用技术，加快农民增收步伐。静宁苹果产业是全县助农增收、消除贫困的首位产业，但长期存在整形修剪技术落后、幼树进入结果期晚、前期经济效益低等问题，严重影响了群众栽植果树的积极性。研究所干部职工立足本职，深入基层，总结推广幼树早果、优质、丰产栽培技术和提质增效技术，年培训果农5万人次以上，自主选育的成纪1号、静宁1号两个新品种推广面积30万亩以上，总收入30亿元以上，经济效益十分显著，有力促进了静宁苹果产业标准化生产和提质增效。

二是探索矮密栽培技术，推动苹果产业转型升级。针对静宁县多为山塬地果园、立地条件差、无灌溉条件、引进技术适生性差等实际，把矮化密植技术作为苹果产业提质增效、转型升级的重要抓手，积极探索研究出了适宜黄土高原苹果产业发展的矮化栽培模式，即采用"基砧＋短枝型品种"的乔砧密植模式，实现了"一年建园、二年结果、四年丰产"的目标，比传统技术提前2～3年结果，4～5年后亩产能够稳定在1500千克以上，亩产值1万元以上，是传统模式的2～3倍。先后在仁大、李店、治平等8个乡镇建成示范园3000亩，走出了一条适合当地自然条件、具有静宁特色的矮化密植路子。

三是培育良种苗木，建立示范基地，推动苹果产业持续健康发展。为了摆脱对外地果树苗木的依赖，研究所技术人员将苹果良种苗木繁育基地建设作为提升果品产业发展层次的重要突破口。2014年春天，在城川镇大寨村建成"三圃"即母本圃、采穗圃、繁育圃配套的苹果良种苗木繁育基地300亩，率先开展了无病毒带分枝优质大苗繁育技术研究，技术成果达到国内先进水平，年出圃成纪1号、静宁1号等带分枝优质大苗100万株，有效缓解了本地苗木

果园防雹网

匮乏的困局。为了解决苹果品种结构单一的问题，研究所结合国家林木种质资源保护库项目建设，积极搜集、保存苹果种质资源，引进国内外名优品种及砧木110份，为今后的科学研究提供了宝贵的原始材料。针对老果园更新改造，基地开展了重茬建园试验，先后承担了"新优品种引进与优质苗木繁育体系建设"国家级星火项目、"静宁县苹果无病毒良种大苗木繁育基地"省级科技惠民示范项目，以及甘肃省农牧厅"静宁县苹果矮化密植及支架栽培模式试验研究"项目的研究工作，均通过甘肃省科技厅的验收与鉴定，成果达到国内先进水平。

四是加强科技创新，推动科技成果落地生根。2014年，与甘肃农业大学合作，在城川良种苗木繁育基地建立了甘肃农业大学专家院。2015年，与甘肃省农业科学院、甘肃省果业管理办公室、甘肃农业职业技术学院、平凉机电工程学校合作，建立了静宁苹果产学研联盟。2017年10月，合作建立中国农业科学院果树研究所静宁苹果综合试验示范基地。2018年8月，与山东农业大学束怀瑞院士及其专家团队协作，在静宁成立了甘肃静宁苹果院士专家工作站。充分发挥院士专家团队的科研和技术优势，开展联合科技攻关，有效破解苹果产业发展的技术难题，并在专家团队的指导下，建立了苹果脱毒繁育中心，成功完成GY抗重茬砧木、M27、陇东海棠等稀缺砧木及英伟、蜜脆、成纪1号、烟富0号等名优品种的脱毒再生体系，为静宁苹果产业发展奠定了坚实的基础。

近年来，研究所先后获得"甘肃省林业系统先进集体""平凉市五一劳动奖状""平凉市新时代奋斗号"等荣誉称号。2019年5月被甘肃省总工会评为"甘肃省示范性劳模创新工作室"，11月获得国家林业和草原局、中国农林水利气象工会全国委员会颁发的中国林业产业突出贡献奖。

 # 知名企业

随着苹果产业的蓬勃发展，静宁各级农业龙头企业不断涌现。现已建成常津、恒达等贮藏营销型、加工增值型、包装配套型龙头企业460家，其中种植企业7家、深加工企业8家、仓储流通企业401家，组建农民专业合作社、家庭农场等新型经营组织616家，形成了以大企业为引领，中小企业为支撑，合作社为纽带，家庭农场、种植大户和果农参与的高度集成的果业产业化组织体系。

静宁常津果品有限责任公司

静宁常津果品有限责任公司是农业产业化国家重点龙头企业、国家林业重点龙头企业。公司位于静宁县治平镇，成立于2005年10月，注册资金2100万元，具有自营进出口经营权，2005年果品出口泰国，实现了静宁苹果出口创汇零的突破。公司是一家集苹果种植、购销、出口、仓储、冷链、物流、电商、包装等一体化的现代化农业企业。现有资产总额1.69亿元，其中固定资产1亿元，占地面积120亩；拥有恒温果品保鲜库86孔，年总贮

静宁常津果品有限责任公司

藏能力达8万吨，年出口加工能力4万吨。公司通过HACCP体系认证、全球良好农业规范认证、ISO22000：2005食品安全管理体系认证，是2008年北京奥运会静宁苹果唯一供应企业。2011年"常津"商标被评为甘肃省著名商标。

公司采用"龙头企业＋合作社＋贫困户"的产业联合经营体系，大力推行订单农业发展模式，不断扩大基地规模。2006年，在仁大乡南门村、李店镇薛胡村、治平乡雷沟村等4个乡镇12个村建成由国家出入境检验检疫局注册认定的出口果园基地12个，面积2.5万亩。2008年，在治平乡雷沟、大庄、刘河3个村建成中国良好农业规范认证基地2900亩。2014年，在李店镇常坪、刘晋、细湾、薛胡4个村建成中国良好农业规范和全球良好农业规范、绿色认证三重认定的优质果品基地2860亩。2017年，在治平乡胡家塬建成有机苹果生产基地702亩。截至2020年，公司累计建成各类认定的果品基地3万亩。

公司先后在北京、成都、重庆、昆明、武汉、长沙、兰州、西宁、拉萨、西安等城市的批发市场建立了成熟稳定的销售渠道，为沃尔玛、永辉、波百利等大型商超常年供货。2015年，成功入驻天猫、京东、苏宁三大电商平台，开设"静宁苹果旗舰店"，开启了静宁苹果进入网购时代的电商之旅。

2007年9月公司被中国果品流通协会评为"全国苹果经营优秀企业"，同年

静宁常津果品有限责任公司李店基地

荣获2007中国国际林产业博览会金奖。"常津"牌红富士苹果2011年荣获甘肃农产品交易会金奖、2014年荣获第12届中国国际农产品交易会金奖、2015年荣获第16届中国绿色食品博览会金奖、2015年入选全国名特优新农产品名录。2016年,"常津"商标被中国果品流通协会评为"中国果业龙头企业百强品牌"。2017年,公司被评为甘肃省先进私营企业。2019年11月,公司被评为中国果品供应链品牌企业。

静宁县陇原红果品经销有限责任公司

静宁县陇原红果品经销有限责任公司成立于1993年,是静宁县成立最早的一家果品产业化龙头企业。现有固定从业人员260多人,总资产1.5亿元,拥有5个果品分公司、1个果品联合社,年果品贮藏加工能力4.2万吨,年果品销售能力达2万多吨,其中出口1.2万吨以上。

陇原红有机苹果示范基地

在生产端,公司取得绿色食品基地认证5万吨、全球良好农业规范基地认证2800亩、有机苹果基地认证1560亩。2016年3月,公司组建果品联合社,联结合作社12个、社员860多户,带领广大果农走产供销规模化、专业化的经营之路。2018年3月,引进短枝红富士、维纳斯黄金、华硕等新优品种,在雷大镇柴岔村、谢吕村、下马村自建有机苹果示范基地1560亩,配套建成年产2万吨有机肥厂1处。通过土地流转、实行公司化经营,引领静宁苹果产业向有机化、标准化、品牌化方向发展。

在贮藏加工端,公司在八里、城川、仁大等3镇建设气调恒温保鲜库3处66间,建成现代标准化加工车间8000米^2,通过了ISO9001质量管理体系认证和HACCP体系认证,于2015年引进法国全自动果品智能分选线,从贮藏、

进口全自动果品智能分选线

分选、包装及设施配套方面实行标准化、规范化生产，保证了产品质量安全。

在销售端，公司成立了内贸、外贸、电商、供应链等4个销售团队，销售网络遍布上海、深圳、广州等30个大中型城市和尼泊尔、印度尼西亚、墨西哥等16个国家和地区。2009年实现了对欧洲高端市场的果品出口，至2019年已延伸到南美智利、北美墨西哥和中东阿拉伯联合酋长国、巴林等市场。同时，公司成立了北京供应链公司和西安电商公司，果品销售国内国外、线上线下多元化的销售格局初步形成。

公司先后获得"甘肃省农业产业化重点龙头企业""全国守合同重信用单位""国家扶贫龙头企业""全国果业百强品牌企业""甘肃省出口食品农产品质量安全先进企业""中国质量诚信企业"等荣誉称号，公司注册商标"陇原红"被评为甘肃省著名商标。

甘肃德美地缘现代农业集团有限公司

甘肃德美地缘现代农业集团有限公司是在静宁苹果产业发展中崛起的领航者。公司从2014年开始，先后投资1100多万元，在北京、兰州、重庆、西安、平凉等城市开设了"静宁苹果"品牌形象店，开启了全国第一家以单一水果开设实体店的销售模式。在首都北京，已与国家体育总局、财政部、中投公司、国铁集团等签订了长期供应合同，并被国家体育总局射击射箭运动管理中心、自行车

德美地缘有机苹果示范园

击剑运动管理中心、冬季运动管理中心确定为运动员专供水果，为静宁苹果销往全国、走向高端市场，迈出了坚实的一步。

公司紧盯国内苹果产业发展新动向，2016—2020年相继在静宁县城川镇靳寺村、东山梁及红寺镇王湾村投资5000万元建成2000亩现代有机苹果示范园，引进荷兰M9-T337脱毒自根砧两年生大苗，采用宽行距、窄株距，每亩高密度栽植170株。园区应用行间种草、立架栽培、水肥一体化、病虫害综合防控、农产品追溯等智能管理措施，降低成本，提高收益。示范园建成3年后，果园即可进入盛果期，每亩可产鲜果4000千克左右，为全县新种植技术的推广起到示范引领作用。

2018年4月公司投资2300万元，与甘肃农业大学合作建成占地800亩的甘肃省苹果种苗繁育基地，栽植200万株苗木，积极引进瑞雪、瑞阳、蜜脆、维纳斯黄金等10余个名优特新品种，采用M26矮化中间砧、M9-T337矮化自根砧培育不同类型的优质矮化苗木，年可生产优质大苗150万株以上，填补了静宁县自根砧育苗的空白。

2017年总投资6亿元、占地206亩的农产品电子商务冷链物流园启动建设，集冷链物流、电商、仓储、分选车间、苹果深加工等多功能于一体，成为果品行业最具现代化的现代农业产业园区之一。产业园引进法国迈夫公司的苹果光电分选系

迈夫诺达苹果光电分选车间

统，不仅可以从色度、大小、冠状进行区分，还可以根据不同的糖分、硬度、酸度等内在品质进行分选，为静宁苹果的精准销售、菜单销售奠定坚实基础。目前，一期工程综合冷库已竣工投入使用，综合冷库被郑州商品交易所指定为苹果交割库。2020年2月，由公司改制设立的平凉静宁苹果产业发展股份有限公司在"新三板"上市，成为陇东首家公众公司，有力促进了静宁苹果向资本市场转型。

2018年，公司被评为甘肃省农业产业化重点龙头企业、平凉市"十大果

品营销企业"。2019年，公司荣获"改革开放40周年果品行业先进单位"称号。在2019品牌农业影响力年度盛典中被推选为"产业扶贫典范"。公司旗下品牌"德美果"获得第19届中国绿色食品博览会金奖及2019中国新锐果品品牌。2020年，公司被认定为农业产业化国家重点龙头企业。

静宁县恒达有限责任公司

静宁县恒达有限责任公司创办于1996年9月，是平凉市首家果品包装材料生产企业，主要经营业务覆盖废纸造纸、纸包装容器生产制造、废旧塑料综合利用、环保新型建材的生产、农林废弃物无害化处理等多个领域，现已成长为再生资源年

恒达一部生产线物流车间

处理40多万吨、纸包装产品年生产能力1.1亿米^2、资产总额达到8亿元的科技环保型企业。

2007年公司对造纸污泥进行内部循环利用专项研究，经过两年的反复试验之后，掌握了利用废纸造纸污泥采用湿法调质改性技术生产高密度硬质模塑包装制品的整套技术成果，制造出价廉物美的蛋托产品。2010年4月，成功申请国家专利，获得甘肃省科技成果奖和国家专利奖。

恒达纸箱印刷生产线

2009年公司通过了ISO9001—2008质量管理体系认证，2016年通过了ISO14001—2004环境管理体系和OHSAS18001—2007职业健康安全管理体系认证，为企业科学管理、规范管理、质量取胜奠定了

基础。每年为当地果品、农副产品和工业品提供60%以上的纸制品内外包装，有40%的包装产品供应我国西北地区，年进出公司货物运输量近100万吨。2014年3月，公司被授予"平凉市人民政府质量奖"。

"恒进"商标2011年12月被评为甘肃省著名商标，2014年被认定为中国驰名商标。公司2013年被国家工商行政管理总局评为"守合同重信用企业"，2014年被甘肃省工信委、发改委、科技厅等六家单位联合评定为"省级企业技术中心""纸制品包装工程技术研究中心"，2016年被甘肃省工信委认定为"省级技术创新示范企业"，2017年获得甘肃省"高新技术企业"，2017年被评为"中国纸包装50强企业"，2018年被评为"全国轻工行业先进集体"，2018年被甘肃省政府评为"2017年度全省推动非公经济跨越发展先进集体"，2019年获得"全球瓦楞纸行业大奖环保和集约化生产贡献奖"。

静宁县红六福果业有限公司

静宁县红六福果业有限公司成立于2011年，是一家专业从事富硒有机苹果生产、贮藏、加工、销售于一体的省级农业产业化龙头企业。公司通过了3000亩有机苹果生产基地、1万亩绿色苹果生产基地、ISO9001质量管理体系、HACCP和

静宁县红六福果业有限公司

ISO22000食品安全管理体系等系列认证。公司果品恒温保鲜库贮藏规模1万吨，拥有自营出口权。

2006年，公司创始人王志伟自建运营中国静宁苹果网，成功将静宁苹果推向互联网销售，连续三年被中国互联网协会、中国电子商务协会和农业部信息中心授予"中国农业百强网站""中国园艺林业类十强网站"等称号。2009年组建静宁县万里果品专业合作社，2014年成为国家级农民专业合作社示范社。

为助力脱贫攻坚战，2018年公司发起创建了静宁县红六福农民专业合作社联合社，采用"产业扶贫公司＋龙头企业＋合作社＋贫困户"的经营模式，以龙头企业为核心，以股权为纽带，以带动贫困户增收、企业增利为目的，吸纳709户贫困户和16个村集体经济入股合作社，联建3000亩富硒有机苹果生产基地和1万亩绿色苹果生产基地。截至2020年，合作社贫困户收益分红186万元，通过销售果品、劳务收入、入股分红收入最高的达到2.6万元，693户建档立卡贫困户通过电商销售发展苹果产业实现稳定脱贫，带动周边1万多户果农以优果优价实现户均增收8000多元，合作社社员通过电商平台销售收入最高的达到8万元。

公司创建运营的京东商城静宁扶贫馆、苏宁易购静宁扶贫馆等电商平台发展迅速，创立的苹果产业扶贫模式受到了各级政府的肯定和支持，并成功向各地复制。公司被中国果品流通协会授予"中国果业龙头企业百强品牌"称

农村电商体验馆

号，建设的万亩富硒有机苹果生产基地被中国优质农产品开发服务协会评为"最具培育潜力的优质果品基地"。产品被甘肃省农牧厅评为2012年甘肃省名优苹果鉴评金奖，在第17届中国绿色食品博览会上荣获金奖，在甘肃农业博览会上荣获金奖，2018年获"甘肃名牌产品"称号。注册的"红六福"商标被评为甘肃省著名商标，2018年"红六福"品牌价值提升至2.11亿元。

静宁欣叶果品有限责任公司

静宁欣叶果品有限责任公司成立于2010年9月，位于静宁工业园区，占地面积50亩，注册资金500万元，总资产15 200万元，拥有贮藏能力2万吨的气调库，是一家集果品收购、贮藏、加工、销售、包装为一体的省级农业产业化重点龙头企业。

静宁欣叶果品有限责任公司

公司采取"公司+基地+贫困户"的规范运行模式，建立以公司为先导、以科技为支撑、以基地为依托、以贫困户为伙伴的现代化农业基地和合作经营模式，有效带动葫芦河流域苹果种植向规范化、有机化方向发展，努力促进果品提质、果农增收、企业增效。公司在自身发展壮大的同时，把服务果农助农增收作为一项义不容辞的职责。几年来，共举办各类果园标准化栽培管理培训319场（次），印发资料20余万份，制作科普光盘1500套，培训果农4.9万人次，累计带动贫困户435户，助农增收3548.67万元。

2016年下半年，公司在继续巩固线下传统销售渠道的同时，抢抓机遇，借助阿里巴巴电商平台，实施以用户为核心的"产品+平台+品牌"体系化工程，并通过产品、运营、供应链、客服等4个模块系统运营，在电商平台开创了苹果销售市场新局面。先后成立欣叶农场、静宁欣叶苹果旗舰店两家网店，年销量达350万元。通过严格把控质量，把握差异化精品战略优势，严格实施无公害及有机苹果标准，让消费者能够享受到健康绿色优质的静宁苹果，为打造"静宁苹果"品牌做出了应有的贡献。

公司在自己努力奋斗、持续发展的同时，不忘回馈社会，每年支出20多万元给予职工伙食补助，并多次为雷大镇范堡小学捐资、捐物累计30多万元。截至2019年，公司内部金秋助学、特困户、大病救助累计达160多万元，同时安置了120名下岗职工再就业。近年来，公司先后被授予"全国模范职工之家""甘肃省诚信守法企业""甘肃省农业产业化重点龙头企业""甘肃省优秀包装企业""甘肃省优秀包装产品"等荣誉称号。

孵化基地人员培训

静宁县金果实业有限公司

静宁县金果实业有限公司成立于2013年，注册资金1.3亿元，是集果品研发、培育种植、果品交易、精深加工、贮藏保鲜、冷链物流、进出口贸易、电子商务等于一体的省级农业产业化重点龙头企业。公司拥有员

静宁县金果实业有限公司

工100多人，其中高级科研及管理人员23名，大专以上学历人员占70%；占地3.54万米²，总投资2.3亿元，一期工程总建筑面积2.18万米²；建成全自动氟气制冷万吨果蔬保鲜库2座、2万吨植物益生菌发酵果蔬浆生产线1条。

公司下设果品专业合作社、果蔬冷链物流公司、农村电子商务中心等3个子公司，是甘肃省级科技创新型企业、省级重点出口创汇企业、国家林业标准化示范企业和国家林下经济示范基地。

2017年1月13日，甘肃省苹果全产业链创新工程研究中心在公司正式挂牌成立。该中心与甘肃农业大学、甘肃省农业科学院、兰州财经大学、天津农学院等科研单位联合，从苹果良种推广、种植示范、贮藏保鲜到新产品研发、精深加工的全产业链提供科研保障，为推进苹果产业转型升级提供有力的科技支撑。公司自主研发的主要产品有植物益生菌发酵苹果浆、早酥梨浆、胡萝卜浆、南瓜浆等原浆及调配饮料系列产品，延伸了静宁优势农产品苹果、早酥梨的产业链，为静宁当地的农民提供了新的收入点。

公司引进国内先进的益生菌发酵原浆生产线，生产的发酵果蔬产品采用C形底柳叶边铝箔屋顶盒，选用美国惠好纸板，采用先进的柔版印刷技术，油墨符合美国食品药品监督管理局和欧洲

苹果汁灌装生产线

的环保安全标准，易饮用易携带。该生产线是甘肃省内第一、国内第三条生产线，投产后年加工处理新鲜果蔬2.5万吨，产值可达9000多万元，新增利润1350多万元。

近年来，企业累计吸收就业人员300余人，直接带动建档立卡贫困户127户，每年为每户农户增收5800元，社会效益和经济效益显著。公司先后荣获"平凉市果品营销十强企业"等称号；"金果印象"系列产品先后荣获甘肃省"陇原农宝·平凉十宝"、平凉市"优质果品金奖"等称号。2018年，植物益生菌发酵果蔬浆项目获农业农村部"新希望杯"第二届全国农村创业创新项目创意大赛甘肃赛区一等奖。

静宁县格瑞苹果专业合作社

静宁县格瑞苹果专业合作社成立于2007年7月11日，是甘肃省首家农民专业合作社，注册资金596万元，现有成员1678人，果园面积3000余亩，年产值4500万元。

合作社名称"格瑞"取英文"Green"(绿色) 的音

静宁县格瑞苹果专业合作社包装车间

译，寓意合作社以组织生产营销绿色有机的静宁苹果为宗旨。合作社成立后，借助静宁苹果已获得国家质检总局出口基地认证、地理标志保护产品认证的有利条件，配合注册了"葫芦河"牌商标，建成了静宁有机苹果网，出版了《静宁苹果营销》《葫芦河》《葫芦河牌静宁苹果标准化生产》等书，利用各类媒体为社员提供技术信息、扩大产品销售服务。聘请日本及国内知名专家担任技术顾问，实施标准化生产、品牌化营销的战略，依托中国果品流通协会、中国苹果产业协会开拓国内外销售市场。"葫芦河"牌苹果获得有机产品认证，在全国果品评选中荣获中国优质苹果金奖，其生产基地被命名为"中国优质苹果生产基地"，产品出口泰国、马来西亚、俄罗斯、尼泊尔等多个国家。

静宁县格瑞苹果专业合作社 12 位社员代表合影

2009年4月2日，在北京人民大会堂，"葫芦河"牌苹果被作为外事礼品赠予泰国领导人；9月26日，"葫芦河"牌苹果在北京家乐福、沃尔玛、百盛、永旺、欧尚、华堂等30家超市上架。2010年3月全国两会期间，"葫芦河"牌苹果被用于人民大会堂的接待果品；5月，供应上海世博会。2011年12月，"葫芦河"牌苹果荣获全国农民专业合作社标准化农产品品牌，为甘肃省唯一获奖品牌，也是全国苹果类中唯一获奖品牌。2012年9月，"葫芦河"牌有机苹果荣获"全国食品质量消费者放心品牌""第十届中国国际农产品交易会金奖产品"等多项荣誉。2013年2月6日，国务院总理温家宝在静宁县格瑞苹果专业合作社12位社员的来信上做出亲笔批示，寄望静宁果农"连年增产增收，日子越过越好"，极大地鼓舞了全县人民生产优质苹果奔小康的决心和信心。2015年6月13日，"葫芦河"牌苹果在中央电视台演播厅展出；6月23日，被中国果品流通协会授予"2015中国果品百强品牌"称号。2017年2月26日，"葫芦河"牌荣获甘肃省著名商标。2019年3月，合作社在尼泊尔设立"葫芦河苹果营销中心"。2020年，实现国内外贸易总额逾1.2亿元。

静宁欣农科技网络有限公司

静宁欣农科技网络有限公司是一家集在线直播、软件开发、数据存储处理、在线交易处理于一体的新型电子商务科技型企业，注册资金1000万元。公司致力于静宁苹果产业从育苗、生产、收储、销售到售后的全链条大数据建设，拥有高级架构师1名、高级软件开发工程师2名、WEB前端开发高级工程师1名、专业运维技术人员2名，能熟练运用HADOOP大数据项目集成，精通JAVA开发语言。公司先后获得增值电信业务经营许可、网络文化经营许可，已经完成具有自主知识产权的可视化大数据应用管理系统、可溯源物流管理系统，申请到对应的计算机软件著作权证书，已获得著作版权2件、注册商标2件。

2020年作为静宁县苹果大数据招商项目，公司入驻位于静宁工业园区的县电子商务公共服务中心。公司

静宁欣农科技网络有限公司

目前承担静宁苹果官网的运维和宣传，同时承接静宁苹果大数据的开发、静宁县电子商务公共服务中心的建设。公司以"产业互联网＋农业可视化"为技术创新，自主开发运营大型直播＋短视频在线购物商城即欣农商城。商城是以全新的新零售理念打造的产业化数字平台，涉及农业相关领域，实现从源头到终端全产业链的供应链中台，实现场景化中台、智能化响应的终极诉求。欣农商城落地静宁县，将推进静宁苹果线上线下融合发展，创造更多的劳动就业机会，打造一个静宁苹果全产业链的数字经济发展新时代。

静宁苹果大数据运维中心

公司创始人程宝林有着在北京互联网公司工作多年的经历，善于用互联网思维思考，对传统农业产业发展上云赋智具有独到的见解。他结合静宁苹果产业转型升级及乡村振兴战略，将大数据平台应用在静宁苹果全产业链发展中，充分发挥平台运用方便、架构思路简单、可视化快速配置能力高、统一调度管控能力强的特点，推动静宁苹果种植产业标准化，加快苹果产业数字化建设；以农业大数据、农情立体感知、农作智慧管理、服务信息化平台开发为抓手，助推静宁苹果线上线下融合发展，打造静宁苹果全产业链数字经济发展新高地，为实现兴果富农强县提供坚强支撑。

CHAPTER

 人物风采

    栉风沐雨四十载，砥砺奋进谱华章。40年来，静宁人民以果为生、以果为业，砥砺奋进，开拓进取。从20世纪80年代的"一树芬芳引春潮"到90年代的"遍地新绿满园春"，从21世纪初的"浩瀚果林秀山川"到党的十八大以来的"硕果飘香铸辉煌"，静宁苹果产业的发展，饱含着一代代静宁人脱贫致富奔小康的强烈愿望，更写满了48万成纪儿女战天斗地、为改变命运而做出的骄人业绩。

王　毅：忠于事业永无悔，乐于奉献为人民

    王毅，男，生于1945年12月，1977年毕业于甘肃省平凉农学院林果系，退休前任静宁县林业局园艺站站长，高级农艺师。一直从事果树优良品种引

王毅

进、试验研究与优质丰产栽培技术推广工作，为发展静宁林果业生产做出了突出的贡献。

王毅引进果树优良品种和绿化树种40余种，其中红富士、新红星、金富、早酥梨、雪花梨等被确定为全县主栽品种，推广面积18万多亩，年产量4万多吨，产值约7000万元，在省、市参评中多次获金、银、铜奖。

王毅参加省、市、县各级科研项目6项，主持的"苹果乔砧密植栽培技术研究""苹果乔砧密植早果丰产试验示范"自选项目和"低产果园改造"项目，获平凉地区科技进步奖一等奖、静宁县科技进步奖特等奖、二等奖。在课题研究中，利用乔化砧，并采取人工强制措施攻破了矮砧不适静宁自然条件的难题，并使果树提前2～3年结果，产量提高50%以上。同时，采取密植的方式解决了果粮争地的矛盾，亩均植树由20世纪70年代的18～22株提高到目前的55～83株，大大提高了经济效益。针对全县果树生产中的技术难题，进行了不同疏果距离对富士苹果产量与产值、不同疏果间距对早酥梨产量与效益、早酥梨采前落果原因探讨等20多项专题研究，有40余篇实验报告和科技论文发表在《中国果树》《山西果树》《果树实用技术与信息》《甘肃农业科技》《甘肃瓜果通讯》等10余家刊物上，为指导各地果树生产提供了可靠的科学依据。王毅的部分论文被国外杂志和《中国当代农业文库》等书刊转载、收编。

凭借卓越的工作成绩，王毅先后被授予"全省林业科技先进工作者""全省植树绿化先进个人""全省农业科技推广先进个人""全省优秀科技推广工作者""甘肃省文化科技卫生'三下乡'先进个人""平凉地区优秀专业人才"等荣誉

王毅在观察苹果长势

称号，被《世界优秀专家人才名典》《中国农林牧专家辞典》收录。

王志伟：谱写静宁苹果新华章

王志伟

王志伟，静宁县八里镇小山村人，1972年9月生，中共党员，本科学历。2009年返乡创业，组建万里果品专业合作社，成立红六福果业公司，逐步发展成为专业从事富硒有机苹果研发、生产、贮藏、销售为一体的农业科技型省级农业产业化龙头企业，合作社也成为国家级农民专业合作社示范社。王志伟被评为"2018年度全省脱贫攻坚先进个人""2020年甘肃省劳动模范"。

2006年王志伟创建运营中国静宁苹果网，成为第一个网上销售静宁苹果的人，通过互联网共促成北京、上海、广东等地200多家客商与静宁本地果品贮藏企业完成交易额1亿多元。为了让全国的消费者吃到正宗的静宁苹果，王志伟破天荒地将网上销售的每一箱苹果植入唯一的二维码"身份证"，红六福果业公司也成为全省第一个为农产品建立溯源体系的企业。

在脱贫攻坚的关键点上，王志伟创新提出了联合社发展模式，采用"产业扶贫公司＋龙头企业＋合作社＋贫困户"的产业扶贫联合体经营模式，吸纳709户贫困户和15个村集体经济入股，成立静宁县红六福农民专业合作社联合社，提升合作社的盈利能力和抗风险能力，稳固企业上游产业合作基础，拓展下游发展空间，实现贫困户稳定脱贫增收。

目前，联合社建有万吨果品恒温保鲜库1座，拥有3000亩有机苹果认证基地和1万亩绿色苹果认证基地，红六福苹果还通过了HACCP、ISO22000等质量安全体系认证。合作社社员

王志伟与果农一起感受丰收的喜悦

果品年收入最多的有31万元，最少的也有2.8万元；社员年分红188万元，户均2652元。83户社员购买了小汽车，100%的社员住上了新房，为一些返乡大学生、农村青年提供了创业平台，走出了一条带领干旱山区群众合作经营、互助共赢、脱贫致富的路子，带动周边1万多户农户年户均果品增收8000多元。

王志伟创建运营的京东商城静宁扶贫馆、苏宁易购静宁扶贫馆发展迅速，创立的苹果产业扶贫模式、乡村振兴发展模式受到了各级党和政府的肯定及支持，并成功向异地复制。2019年1月，公司荣获"2019品牌农业影响力——乡村振兴典范"称号。

王国庆：一辈子只干好苹果一件事

王国庆，男，1962年生，历任静宁县林业局园艺站站长、仁大乡乡长、县林业局副局长、县果业局副局长等职，现为静宁县林业和草原局三级调研员。王国庆先后获得"甘肃省林业科技推广先进个人""甘肃省林木种苗先进个人""全省经济作物推广先进工作者""全省林业科技创新先进个人""甘肃省科普工作先进工作者"等荣誉称号，其参与项目获得甘肃省科技进步奖二等奖、甘肃省农牧渔业丰收奖一等奖。

王国庆

20世纪80年代静宁苹果刚刚起步时期，刚参加工作的王国庆以初生牛犊不怕虎的勇气受命到仁大乡刘川村峡咀、小湾社指导群众规模建园70余亩，打开了静宁县小规模建园的局面。1987年，这些果园都实现了挂果，亩收益达到1000元左右，使全县广大干部、群众看到了在静宁发展苹果生产、治穷致富的可行性和必要性。1988年，静宁县委、县政府出台了《关于发展果树生产的决定》。在当时红富士苹果还不被大多数人知晓的情况下，他大胆提出了以红富士为主、其他品种为辅的见解，得到了静宁县委、县政府的认可，使静宁果业从开始在品种上就没有走弯路。

20世纪90年代中后期，在静宁川区果园基本饱和的情况下，王国庆提出苹果上山、向高海拔地区延伸的发展思路，给静宁苹果产业发展拓展了空

王国庆深入果园做技术培训

间，也为全国苹果产业发展区划布局提供了鲜活的教材。2006年农业部依此将静宁县从苹果栽培次适宜区划定为苹果生产优势区，也将红富士苹果适宜栽培的海拔高度从800米修订到1600米，基本实现了适宜区山川全覆盖。

干旱少雨是静宁苹果发展的最大制约因素。王国庆在借鉴、总结旱作农业栽培（地膜覆盖）成功实践的基础上，提出果园免耕覆盖技术，在400毫米左右降水量的情况下，不需灌水即能满足苹果生长发育对水分的需求。针对苹果授粉树不足、坐果率低的现状，2008年开始大面积推广人工辅助授粉技术，稳定了产量，提高了质量。

王国庆将技术培训和服务作为工作的重中之重。他每年2/3的时间摸爬滚打在果园里，将自己总结的苹果优质栽培技术讲给农民听、做给农民看、带着农民干。工作期间总是带一把剪刀、一把锯子，随时随地为农民讲解生产技术。2003年，甘肃日报头版以《王乡长的一把剪》进行了深度报道。

田积林：情满黄土地，爱心哺桑梓

静宁县曾是全国深度贫困县之一，田积林从小就生长在这块贫瘠的土地上。改革开放之后，他毕十年之功，倾心打造了一家集现代农业、商贸流通、餐饮服务、电子商务为一体的陇上知名企业——甘肃德美地缘现代农业集团有限公司，为静宁县脱贫攻坚事业做出了贡献。

2014年开始，田积林先后在北京、重庆、西安、兰州等城市设立了"静宁苹果"品牌形象店，

田积林

开启了全国第一家以单一水果开设实体店的销售模式，拓宽了静宁苹果的销售渠道；成立了德美地缘林果专业合作社，吸纳600多户果农加入，实现了集管

理、收购、销售三统一的经营模式，解决了果农的后顾之忧；建成占地800亩的甘肃省苹果种苗繁育基地，培育优质矮化苗木，为扩大种植面积、老果园改造提供了有力保障；建成2000亩矮砧密植现代有机苹果示范园，为革新苹果种植模式开辟了一条新路；建设占地

田积林在公司基地指导疏果

206亩的集冷链物流、电商仓储、分拣车间、苹果深加工等多功能于一体的农产品冷链物流产业园，延长了苹果产业链，改变了人工分选成本高、效率低的劣势，提高了静宁苹果商品率；设立甘肃省首批、平凉市首家苹果交割仓库，运用"保险+期货"金融手段，保障了果农特别是贫困户的稳定收益，实现现货增收、保险理赔的双赢效果；推动了平凉静宁苹果产业发展股份有限公司在"新三板"挂牌，成为陇东地区第一家公众公司，实现了传统农业与资本市场的融合。

近年来，公司先后安置各类就业人员2650人，其中解决大中专毕业生500多人、安置下岗职工250多人、帮扶农村困难家庭人员800多人就业，培养各类技术能手1100多人，为县里困难群众发放帮扶资金280余万元。连续5年实施了以"爱心助栋梁，共圆苹果梦"为主题的"百名静宁苹果代言人"项目，累计发放资金120余万元，帮助356个孩子圆梦大学。

田积林2017年当选甘肃省第十二届政协委员，先后荣获"第五届感动平凉人物""平凉市十佳诚实守信模范""2018年度甘肃省光彩事业先进个人""中国果业杰出新农人""2019年度全省脱贫攻坚奖奉献奖"等称号，2020年5月被甘肃省人民政府授予"2020年甘肃省劳动模范"称号。

刘广益：静宁苹果优秀经纪人

刘广益，1964年生，静宁县李店镇刘晋村人，中共党员，现为静宁县刘

刘广益

晋果业专业合作社理事长。1999年他从一家国有企业回乡创业，当时家乡苹果正处在起步期，红彤彤的苹果经常挂在枝头无人问津。他想到在家乡苹果滞销中谋取一条路径，帮自己也是帮大伙，从此开始当起了苹果经纪人。因为他做人做事讲原则，主持公道，维护正义，完全按承诺办事，生意上从来不挣昧心钱，逐渐在附近村民和外地客商心中赢得了好口碑。周边乡镇的农户也辗转数十公里费尽周折地把果子交给他代销，客户也更多地委托他代购。

随着代办业务的增大，刘广益发现家乡苹果销售淡季时供大于求、价格低廉，到旺季时又无果可售。2011年，他筹资1000多万元，成立了静宁县刘晋果业专业合作社，建成贮藏冷库11孔，可贮藏果蔬6000余吨，大大提高了周边苹果产业附加值和经济效益。自合作社成立以来，为社员及周边果农提供技术培训、信息咨询及果品产销等服务，服务范围涉及周边十几个乡镇，入社社员130多户，带动2000多户农户发展产业增收致富，解决100余人就业。2016年9月，合作社被平凉市农牧局评为"市级农民专业合作社示范社"。

刘广益工作照

刘广益始终不忘带领乡亲们一起富起来。他坚持"合作社促产业、产业聚党员、党员带群众"的理念，探索完善"支部＋合作社＋基地＋农户"的经营模式，将刘晋村和周边郭柴、白草山村闲余土地入股合作社，建成200多亩的优质苹果苗木繁育基地，由合作社统一经营管理，村集体、农户、贫困户获得股份收益和工资性收入。依托国家电子商务进农村综合示范项目的实施，建成了刘晋村电子商务服务点，在淘宝、阿里巴巴等电商平台开办网店，帮助合作社社员进行苹果销售，同时大力培育本村电商人才，帮助农户拓宽苹果销售渠道，为贫困群众早日增收致富奠定了坚实基础。

李建明：此生只为苹果红

李建明，男，1964年生，静宁县果树果品研究所所长，农业技术推广研究员，享受国务院政府特殊津贴。曾获得"全国优秀科技特派员""甘肃省五一劳动奖章""甘肃省科普工作先进工作者""全省经济作物推广先进工作者""甘肃省林业科技推广先进个人""甘肃省林木种苗先进个人"等荣誉称号。先后主持、完成的项目获省部级奖励4项、地厅级奖励2项，发明实用新型专利3项，制定地方标准3项，在国家级、省级期刊发表论文10余篇。

李建明

针对静宁县果业发展初期果树栽培技术落后的现状，李建明潜心钻研，主持选育出成纪1号、静宁1号两个优良品种，探索出了"一年定干、二年重剪、三年拉枝细管、四年成形挂果、五年丰产"的红富士苹果早果优质丰产栽培技术，实现果树提前2年挂果，年亩增产1000元以上。针对果园产量不高、优果率低等现状，开展了红富士苹果提质增效栽培技术示范与推广项目研究，通过树形改良、配方施肥、免耕覆盖、人工辅助授粉、果实套袋、无公害农药使用等现代果业技术的组装配套，实现示范园亩均增产300千克，优果率提高30%以上，亩增效益1200元以上。

李建明深入田间讲解施肥技术

李建明常年深入田间地头，走村串户，与11个果园大乡、60个果园重点村的5100户果农建立了技术协作关系和果园档案，建立示范园1.2万亩。他采取课堂讲解和现场操作等形式，每年免费培训果农1.5万人次以上，示范园亩均收入达1.2万元以上，示范户年均收入达4.5万元。带领其他技术人员，在省内率先建立了3.8万亩苹果出口创汇基地和4000亩良好农业规范基地，帮助果农建立经济合作组织32个，帮助5家果品龙头企业完成出口认证，引领广大果农和果品龙头企业进入国际大市场。

在科技推广中，李建明带领静宁县果树果品研究所，建成优质苹果良种苗繁育基地4处共1500亩，建成现代苹果标准化示范园3500亩，并达到国内领先水平。研究所收集、引进国内外名优品种110份，筛选出适合本地气候特点的优良新品种，累计繁育出圃带分枝优质大苗100万株以上，指导仁大、治平、城川、威戎等乡镇建成现代示范园，为全县老果园更新改造提供了苗木保障。2018年，李建明与山东农业大学束怀瑞院士及其专家团队协作，在静宁成立了甘肃静宁苹果院士专家工作站，将在科技兴果、产业富民及乡村振兴中发挥更大作用。

胡小红：用心书写大都市里的静宁苹果

胡小红

胡小红，男，汉族，1966年生，静宁县李店镇薛胡村人，现为静宁苹果武汉直营店负责人。2018年，武汉直营店被静宁县人民政府评为"优秀果品直营店"。

作为土生土长的静宁人，胡小红求学外地始终不忘家乡。一个偶然的机会，当他看到家乡人民为苹果的销路屡屡发愁、难以扩展的外部市场成为人民致富路上的绊脚石时，他萌生了一个想法——在武汉设立苹果专卖店，一来解决市场上静宁苹果优质不优价的问题，二来解决假冒伪劣扰乱市场的困扰。他通过把消费者变成销售者、组织各种社会公益讲座、不让任何一个消费者失望等活动，每年可销售静宁苹果100余吨，并带动了静宁苹果向湖南、江苏、广东等地的拓展。

2016年，胡小红和一批志趣相投的苹果客户一起创办了"静宁苹果跑团"，让绿色食品和健康生活方式结合起来，带动身边更多的人一起运动。静

宁苹果跑团的影响力就像静宁苹果红彤彤的外表一样，日渐映射到了江城的每一个角落。越来越多的静宁苹果专卖店在武汉开设，越来越多的人对静宁苹果寄予喜爱。在2019中国跑者大会暨首届中国跑步产业高峰论坛上，"静宁苹果跑团"获得"年度十大跑团优秀跑团"荣誉称号，成了江城最美的一道风景。

静宁苹果武汉跑团助力长沙果业大会

跑友们倡导的理念是"一天一苹果，百病远离我"，让更多的人能够享受健康带来的快意，静宁苹果也因苹果跑团的日益壮大而被大家熟悉。

近年来，胡小红一直奔走在武汉的大街小巷，为武汉市民提供质优价廉的静宁苹果。看着家乡的苹果广受喜爱，胡小红由衷地感言："好的产品是会说话的。"当今社会，健康理念已经成为时代发展的主流。静宁苹果作为绿色果品，逐渐为广大消费者所喜爱，成了健康文化的瑰宝。

贾军平：科学种果的研究型专家

贾军平1998年11月从甘肃省庆阳林业学校毕业，分配到静宁县林业局园艺站从事果树栽培技术推广工作。当时，面对全县果园产量不高、优果率低的实际状况，贾军平与同事一起开展了"红富士苹果提质增效栽培技术示范与推广"和"优质红富士苹果病虫害无公害防治技术示范推广"两项研究。通过组装配套以高光效树形为主的改形修剪技术、以配方施肥和均衡施肥为主的

贾军平

施肥技术、以蓄水保墒为主的水分管理技术、以综合防治为主的病虫害防治技

贾军平在果园指导果树修剪

术等六项关键技术，示范园平均亩产由原来的2000千克提高到2500千克左右，优果率由60%增长到80%，亩增效益1500元以上。

果树苗木品种事关建园的成败。贾军平积极投身良种苗木繁育和基地建设工作，先后参与选育出了"成纪1号"富士苹果和"静宁1号"秦冠苹果新品种。通过大田推广试栽，平均亩效益高出其他品种30%以上，经济效益十分显著。他主持建设的现代苹果良种苗木繁育基地已成为全县优质苗木培育的主要基地，为近年来老果园更新改造提供了苗木保障。

2019年3月，贾军平离开静宁县林业局，到重点果业乡镇——城川镇任镇长。针对全镇老果园产量低、转型升级步伐慢、传统管理模式与现代市场需求不相适应等问题，在吴庙、靳寺等川区果园率先开展老果园改造，引进甘肃德美地缘现代农业集团有限公司在东山梁建成老果园改造示范园500亩。积极开展土壤生态系统改良、矮砧集约高效栽培、果园连作障碍解除等技术研究，推行短枝密植等不同立地条件机械化、省力化栽培新模式，不断提高果业科技含量。结合静宁35度苹果谷景区和苹果小镇建设，建成了一批以特色苹果为主体，集休闲旅游、体验采摘为一体的现代苹果综合体验园。

贾军平是个科研和实践相结合的研究型果业专家。他参与撰写的"静宁县红富士苹果早果、优质、丰产栽培技术""红富士苹果提质增效栽培技术示范与推广"等技术成果先后在全县推广应用；主持完成的"重茬苹果园旱作矮砧密植栽培关键技术示范与推广"获得甘肃省农牧渔业丰收奖二等奖；主持完成了"静宁苹果生产技术规程""百万亩苹果发展规划""三级五类示范园实施方案"等规程和技术方案，为静宁苹果标准化生产和全县果业科学发展提供了技术保障和科学依据。

徐武宏

徐武宏：静宁苹果品牌建设的筑路人

2009年，面对静宁县蓬勃兴旺的果业发展趋势，时任县领导张自杰、徐永宏等不约而同地提出了相同的看法：给静宁苹果起一个响亮名字——申报注册"静宁苹果"地理标志证明商标。副县长徐永宏找来县工商局商广科科长徐武宏说："老同学，电脑我给你配最好的，钱我拉下脸给你四处化缘，注册商标的事你得给咱抓紧做，这可是全县人民期盼已久的大事！"

自1960年静宁县火柴厂注册"鹿"牌商标以来，静宁商标注册量逐年上升，但地理标志证明商标一直处于空白。一切从零开始。生性执着的徐武宏揽下了这份差事，查法规、找资料、问部门，去平凉、跑兰州、上北京，像一只拧紧发条的闹钟，不知疲倦地奔波着。有过和相关领导争论学术观点、争辩申报材料的尴尬，有过长达两个月住在北京月坛宾馆的清苦，有过面见原国家工商行政管理局局长刘敏学时的激动，有过被原农业部副部长路明指点迷津、茅塞顿开的轻松释然……

在雄辩有据20多万字佐证论述材料的基础上，经过11位国家部委专家的严格评审，"静宁苹果"于2011年成功注册为地理标志证明商标，实现了全县地理标志证明商标零的突破。2012年，"静宁苹果"被认定为中国驰名商标。

2012年徐武宏参加中国国际商标节

一花引来百花开。在"静宁苹果"这块金字招牌的影响下，从甘肃省委书记林铎到中国女排队员王媛媛，从经济学家马光远到著名品牌策划人贾枭，都争先恐后地成了静宁苹果的代言人和策划者。2020年，"静宁苹果"品牌价值158.95亿元，仅次于山东烟台苹果，稳居全国苹果品牌第二位。

宝剑锋从磨砺出。十余年间，从拟定《中国地理标志产品品牌评估体系》《中欧地理标志保护技术规范》到入编《中国绿色农业发展报告》《中国工商行政管理年鉴》，从《中国果菜》杂志系列专题、静宁苹果宣传推介全国行到国际商标节、中央电视台宣传报道……徐武宏共编写静宁苹果文本资料30余册、近200万字，在国家级报刊刊发品牌宣传文章19篇，其中《独特品质赢得广泛市场，地标品牌引领县域发展》等5篇获优秀作者奖，《中国地理标志产品"静宁苹果"品牌价值评价材料编辑目录》（2015版）被国家质检总局作为范本下发各省参照执行。

常继锋

常继锋：助农脱贫的"苹果大王"

常继锋，男，汉族，1966年11月生，中共党员，静宁县治平镇伍坪村人，现任静宁常津果品有限责任公司董事长。先后荣获"全国农村创业创新优秀带头人""甘肃省劳动模范""甘肃省农业产业化十大领军人物""甘肃省脱贫攻坚先进个人""甘肃省农村优秀人才""甘肃省优秀企业家""全国劳动模范"等荣誉称号。

20世纪90年代，已经做了几年苹果购销生意的常继锋敏锐地发现冷库贮藏错季销售苹果比成熟期销售每500克能增值0.5元，还避免了苹果集中收购季节的积压。于是他立即前往山东、陕西等地考察学习，返乡后筹措资金200万元，在治平乡建成了全县第一家贮藏能力达1500吨的恒温气调库，并于2005年注册成立了静宁常津果品有限责任公司，开始了他的做强苹果产业之路。公司取得外贸出口经营权后，当年就和泰国签订了

常继锋在基地指导苗木种植

1500吨销售合同，出口创汇88万美元，打破了静宁苹果零出口创汇的历史。经过几年的努力，产品已远销泰国、新加坡、哈萨克斯坦等东南亚和中亚10多个国家，累计出口果品12万吨，创汇8300万美元。

近年来，常继锋坚持走果品产业化经营的方针，采用"龙头企业＋合作社＋贫困户"的产业联合经营体系，大力推行"订单农业"发展模式，保证了贫困户苹果的稳定销售。公司为1040户建档立卡贫困户免费提供收购信息，免费或以优惠的价格向贫困户提供肥料、地膜等农资，聘请果业专家全程技术指导，有效规避了贫困户增收风险，减少了劳务成本，为贫困群众增收致富吃下了一颗"定心丸"。2019年公司收购果品1.2万吨左右，直接涉及果农2600户，户均直接增收4.6万元。累计修建果品保鲜库86孔，库容量达到8万吨，每年带动果农仓储约4万吨，涉及果农10400户，产值约4亿元，为4160户建档立卡贫困户提供先储存销售后付费及优先储存的优惠政策。

景永学：许身农门36载的另类农艺师

景永学，1965年生，静宁县界石铺镇人，1984年毕业于平凉农业学校，现任静宁县格瑞苹果专业合作社理事长，先后荣获"全国百佳农产品经纪人""平凉市优秀政协委员"等称号。

多年来，景永学多次邀请国内外专家举办300人甚至上千人的技术培训会，把最实用的苹果增收技术传授给家乡果农；组织30人、80人的参观团，到北京、运城、烟台、杨凌参观学习，

景永学

把最新的发展理念灌输给静宁果农；组织一批又一批富裕起来的果农到我国台湾和香港及泰国、日本等地观光旅游、考察市场。合作社还在香港、新加坡组织年会，举办苹果产业高峰论坛。他采取的这些举措，是在精神上进一步激励静宁农民，让他们放眼世界，活出新时代新型农民的风采。

在景永学的策动下，格瑞苹果专业合作社连续举办了6届"葫芦河杯"静宁苹果赛果会，为静宁苹果"红遍世界"贡献了力量。他不遗余力地在北京、上海、成都、天津、沈阳、杭州等城市的超市里推介静宁苹果，使静宁苹果"名

动京城，享誉全国"。他把静
宁苹果带到四川灾区，带到
北京人民大会堂，带到日本、
泰国等地，使国内外知名人
士和普通消费者，都能品尝
到静宁苹果的清脆香甜。

景永学在果园观察苹果生长情况

景永学组织编撰《葫芦
河牌静宁苹果的标准化生
产》《梦在田园》2本图书，
参与编撰《静宁县农业科技
资料汇编》《静宁县农牧志》等，为静宁苹果撰写过《静宁苹果宣言》《让静宁
人的苹果梦越做越甜》《由"三鹿奶粉"事件谈"静宁苹果"品牌建设》等较
有影响的文章。他编著出版的《葫芦河牌静宁苹果的标准化生产》一书是静宁
果农掌握务果技术不可或缺的良师益友。

格瑞苹果专业合作社2008年被中国科协、财政部授予"科普惠农兴村先
进单位"，2011年被全国供销总社授予"农民专业合作社示范社"，2012年被
农业部授予"全国农民专业合作社示范社"。

靳玉国：让静宁苹果进入全国市场的拓荒者

靳玉国

靳玉国，男，汉族，1962年4月生，静宁县
城川镇靳寺村人，中共党员。1985年10月退伍
回乡，带领群众创业致富。先后获得"全省十大
杰出青年农民""甘肃省新长征突击手""全国青
年星火带头人标兵""甘肃省复退军人创业致富带
头人""全国最美退役军人"等荣誉称号。

1993年，静宁县苹果栽植面积达5万亩，县
内销售市场饱和，外地市场未打开，干部群众为
销果难而发愁。靳玉国主动自费到陕西考察，学
习果品储藏技术，引进全县第一座自然式通风库

加塑料袋储藏保鲜技术。同时，创建了静宁县第一家果品公司，并指导果农生产高品质苹果，有效地对接了果商和市场。果品公司的创建，开创了静宁县果品经销业和农业产业化模式，打开了静宁县果品走向市场的通道。

在全县苹果产业发展起来之后，靳玉国又一次抢抓机遇，确立了"打造静宁苹果品牌，延长产业链条，增加苹果附加值，促农致富"的思路，陆续建起年产值1000万元的包装材料公司，建立自营有机苹果示范基地1560亩，创立了"陇原红"品牌，建起储藏量达5万吨的气调保鲜库3处，引进大型进口果品分级、清洗、包装生产线1条。品牌化战略显著增加了果品附加值，增强了静宁苹果市场竞争力。2019年，靳玉国创建的静宁县陇原红果品经销有限责任公司总资产已达1.5亿元，拥有5个果品分公司、1个果品联合社，年果品经营量2万多吨，年果品出口额9300多万元，产品远销国内30个大中型城市和尼泊尔、印度尼西亚、墨西哥等16个国家和地区。

靳玉国传授果树修剪技术

在创业致富的路上，靳玉国不忘带动更多的人走向富裕。2016年3月，靳玉国联合12家农民专业合作社创办了静宁县首家合作联社——静宁县陇源红果品专业合作社联合社，建立起"龙头企业＋联合社＋合作社＋基地＋贫困户"的利益联结机制，解决劳动就业1200多个，老果园技术改造260亩，社员技术培训1600人次。他先后拿出160多万元，用于扶贫助困、支持村级道路建设、改善乡村办学条件等社会公益事业；采用订单农业、技能培训、入股分红、提供就业岗位等形式带动426户贫困户脱贫致富。

雷托胜：务果致富的领头雁

雷托胜，男，汉族，1969年生，中共党员，现任静宁县治平镇雷沟村村

雷托胜

委会副主任、雷沟村林果业协会会长，甘肃省第十一届、十二届人大代表。

作为一位农民，建园初期，他和其他村民一样，对于种植管理技术茫然不知。一次偶然的机会，在电视上听了苹果园标准化管理技术的讲座，深受启发。从此坚持不懈钻研，既外出参观请教，又购买专业资料，在自家园里实习，探索出了一套独特的办法。自己管理的果园，树形好、亩产高、果形正、收益高，平均每亩比别人能多卖近1万元。截至2019年，雷托胜的果园已发展到15亩，其中挂果果园面积10亩，年均果品收入20余万元。在发展自家果园的同时，以自己致富的经验为样本，带动本村果农发展果品产业。2020年，率先试验示范推广无公害果品生产，所产苹果成为外地客商的抢手货。

2004年，雷托胜协调静宁县果业局在雷沟村胡家塬率先推广实施了550亩苹果树大改形技术，为全县万亩绿色苹果出口创汇基地建设奠定了基础。在他的带动下，雷沟村成为全县果品收入最高的村，85%的耕地建成了果园，全村435户农户都有苹果园。全村80%的劳动力都在管理果园，85%以上的收入来自果园，全村果园面积达到3800亩，其中挂果果园面积3600亩，户均达到9亩，人均果品纯收入达到2.5万元，户均年果品收入20万元以上的超过20户。全村共建有恒温气调库43孔，库存量达1.29万吨，常年从事果品经销的

雷托胜指导果农适时除袋

经纪人达56人，拥有汽车的农户达到300户，占全村总户数的77.7%，建成二层以上小洋楼的家庭占到全村总户数的85%，雷沟村成为名副其实的小康村。

雷托胜2007年9月被中央宣传部、国家林业局等单位授予"全国绿色小康户"称号，2012年5月被平

凉市人民政府授予"平凉市优秀技能人才"称号，2015年4月被中共中央、国务院授予"全国劳动模范"称号，2016年7月被甘肃省委组织部授予"全省优秀共产党员"称号。

鲍彦鹏：静宁果业品牌功臣

鲍彦鹏

苹果产业已成为静宁县富民强县、发展县域经济的主导产业。静宁苹果能在全国苹果市场异军突起，除了48万为之夙夜奋斗的静宁干部群众外，离不开静宁县市场监督管理局局长、县苹果产销协会会长鲍彦鹏的长期努力和无私奉献。

翻开静宁苹果的发展历程，每一个日期、每一处地点、每一项荣誉鲍彦鹏如数家珍。自2010年担任静宁县工商局（现为市场监管局）局长以来，鲍彦鹏的人生就只为两个字——"品牌"而战，缔造静宁苹果的品牌神话，为静宁苹果品牌的无上荣誉奋斗。

从2011年"静宁苹果"注册为地理标志证明商标，到2012年被认定为中国驰名商标，到2015年被评为"消费者喜爱的100件甘肃商标品牌"，到2017年被评为"中国果品区域公用品牌价值英雄"，到2018年荣获"中国最受欢迎的果品区域公用品牌10强"，到2019年被评为"全国绿色农业十大最具影响力地标品牌"……在塑造静宁苹果品牌的路上，他走过几十个的城市，与成百位果业专家和官员交流过，处理过与静宁苹果相关的打假案件39起，走过约15万公里的行程。他先后组织参加了全国60多次静宁苹果产品博览会、推介会和经验交流会，为静宁苹果争

2013年鲍彦鹏参加中国驰名商标授牌仪式

取到"中华名果"等17项荣誉称号和"中国驰名商标"等8张国家级名片。

作为市场监管局一把手的他，带领相关科室积极开展工作，在静宁苹果地标认证、品牌申报、品牌宣传推介上狠下功夫。同时，成立静宁县苹果产销协会，推动建成全县果品包装、加工、贮藏、营销等各类龙头企业、合作社169家，发展的静宁县苹果产销协会会员企业辐射到全县20多个乡镇，有力地延伸了产业链条，推动了静宁苹果产业整体上规模、增效益。全县各企业依托"中国苹果之乡"地域品牌、"静宁苹果"地理标志保护产品及"静宁苹果"驰名商标，涌现出了"红六福""陇原红"等16个甘肃省著名商标、11个平凉市知名商标，最大化保护了全县近30万名果农的利益，让静宁苹果成为全县产业扶贫的头号功臣，为3.1万户15.4万人实现稳定脱贫贡献出巨大力量。

2019年3月，鲍彦鹏被中国工商出版社、中华商标协会授予2018年度"全国地标工作十大人物"荣誉称号，新华社、中央电视台等20余家媒体进行了专题采访报道。

樊 枨：静宁苹果第一人

樊枨（1924—2010年），静宁县治平镇大庄村人，曾任村农业互助组组长、合作社主任、大队党支部书记。1960年，为给群众找一条能吃饱穿暖的出路，樊枨身背干粮，肩挑箩筐徒步去天水、平凉、兰州等地学习，师从果树专家刘亚之、郭天顺，学习了果树的嫁接、修剪及病虫害的防治等，为家乡群众带回了苹果、梨、柿、核桃等种苗及种植技术。

樊枨

1963年，在樊枨的带领下，大庄村的北山梁开始试点种苹果。经过几年的艰苦探索，大庄村成了远近闻名的苹果村，打破了"广爷川不能种植苹果"的传统。1977年，樊枨任治平公社党委副书记，倡导和推动在大庄村试点打造公社园艺场，培育黄香蕉、红香蕉、国光、秦冠等各种苹果苗木，并建起了小温棚，培育的苗木销往周边地区。同时支持帮助一些群众到平凉、兰州参加苹果种植技术培训，培养了一批又一批农民技术员。他还无偿给县内及平凉和

宁夏固原、西吉等地的群众赠送苹果树苗。

时任大庄村党支部副书记的樊世太老人回忆说："樊帐那时候腰间随身带着一个皮挎包，里面长期装着一把剪树的剪子，不知内情的群众都戏称他为'带着枪的领导'。他走到哪都会给遇到的群众手把手地教苹果修剪技术，群众背地里称他为'树仙'。1980年包产到户政策实施，老百姓都分到了地，大部分家里都栽有两三亩的苹果幼苗。有些群众有抵触情绪，种粮食的时候故意把苹果幼苗犁倒，还说'栽那么多苹果吃不完，还不如种洋芋，洋芋牲口还能吃，苹果就成害了'。听到这些话，樊帐很伤心。不过，他没有改变初心，随身还是带着装有剪子的皮包，这个习惯一直保持到他80岁高龄再也走不动路了。"

时间仿佛定格在那个年代，停顿了一会，樊世太老人又回忆说："我是毫无疑问相信老支书的，家里的2亩果园，第一年挂果就卖了700元。那时候感觉多得吃，我就给家里添置了一台黑白电视机。周边毁掉苹果树的群众无不后悔，'当时没听樊支书的话，吃了大亏了哦！'"

樊帐几十年如一日，把发展壮大静宁果业作为终身事业。1982年，甘肃省人民政府授予樊帐"先进生产者"称号。1980年11月1日《人民日报》以《他给穷队造了个富窝窝》、1981年3月2日《甘肃日报》以《芳香的足迹》为题分别报道了他埋头静宁发展果业的事迹。甘肃电视台进行的专题报道中，称他为"静宁苹果第一人"。

CHAPTER

大事记（1985—2020年）

1985年

10月，静宁县委、县政府召开中南部十乡水果基地建设工作会议，研究制定全县第一个果业发展规划，并组织赴天水市北道区（今麦积区）、秦安县水果生产基地参观学习。

1986年

静宁县政府从陕西省咸阳市礼泉县调入苹果成品苗1万株、半成品芽苗20万株，分别在国营治平苗圃、城川乡农场等地建园栽植；协调金融机构专列12.8万元贴息贷款，作为全县果品产业起步保障资金。

1987年

静宁县委、县政府组织乡村干部、果园种植大户2000多人，分期分批赴陕西省咸阳市礼泉县参观考察、学习经验。当年新建果园4300亩。

1988年

1月，静宁县委、县政府出台《关于发展果树生产的决定》，首次把林果产业定位提升为区域经济发展的支柱产业，明确划分了发展区域、目标重点、规划要求、技术服务培训等重点内容；统筹"两西"（以甘肃定西为主的中部干旱地区和河西地区）专项有偿资金30万元作为果园建设扶持资金，按照集中连片规划建设区域内15元/亩的标准补助到户，掀起了全县第一轮果业建设热潮。当年新植果园2万多亩。

1989年

静宁县召开全县果园管理工作会议，提出坚持发展和管理并重、以管理为主，建设规模和效益并重、以效益为主，抓新建园和改造低产园并重、以改造低产园为主的"三个为主"，以及在巩固现有面积基础上向管理转移、由单纯行政组织工作向科技开发转移的"两个转移"思想，全县林果产业持续稳定发展。

1990年

静宁县委、县政府确定苹果为主要发展树种，提出依靠科学技术发展果树生产的思路，决定成立静宁县园艺站和果树生产服务队，全面开展农民技术员培训。

1991年

静宁县制定《静宁县林果业"八五"发展规划》，确定以山地果园为主攻方向，至"八五"末果园面积达到7万亩。

1992年

静宁县修订调整"八五"发展规划，制定《静宁县果园经济林发展规划

(1993—1996)》，明确"以万亩乡千亩村建设为主抓手，以山台地为主区域，以苹果为主树种，规模连片、集中定植，一次规划、分年实施"的发展思路。组织技术人员赴山东省栖霞县进行考察，调运红富士苹果苗木80万株。

1993年

静宁县召开全县果树经济林建设现场会议，进一步明确全县果树经济林建设基本思路、发展目标和主要措施，鼓励果农新建家庭果窖，实现自产自贮、产后增值，配套成立县纸箱厂并顺利投产。

1994年

静宁县制定《静宁县果树经济林建设规划及实施办法》，决定将果树经济林建设作为全县主导产业，以中南部乡镇为重点区域，以苹果为主导产品，以万亩乡千亩村建设为重点，大力推广果树经济林建设。

甘肃省将静宁县确定为"全省林果支柱产业基地县"。

1995年

静宁县制定《静宁县"九五"期间林果产业发展规划》，明确提出中南部主抓苹果、花椒，西北部主抓杏、梨的发展思路。

1996年

组建静宁县果品经销总公司，成为全县首家果品经销企业，改变了果品单纯依赖客商收购、难以直接进入市场的被动局面。

1997年

10月，静宁苹果亮相甘肃省首届林果产品展览交易会，富士苹果荣获铜奖。

全县苹果种植面积达到13.22万亩，产值达4000万元，被列入甘肃省40个果品基地县之一。

1998年

10月，静宁苹果参展平凉地区首届林果产品展览交易会，参展的6个样品全部获奖，其中金奖2个、银奖2个、铜奖2个。

1999年

静宁县委、县政府决定在仁大、李店、治平、城川、威戎等5个果品主产乡镇扶持建造8处100吨果品贮藏库。

静宁县在人民日报社举办的中国特色之乡评选活动中荣获"中国优质果品之乡"称号。

2000年

首家果品招商引资企业——东莞鑫龙果品公司落户静宁，成立了静宁县鑫龙贸易有限公司，建成1000吨恒温保鲜库，拉开了全县恒温保鲜贮藏库建设的序幕。

2001年

8月，静宁县被国家林业局命名为"中国苹果之乡"。

9月，静宁县被国家林业局命名为"全国经济林建设先进县"。

10月，静宁县首届成纪文化节暨果品交易会在静宁县成纪文化城成功举办。

2002年

4月，全县首家农民果品专业协会——静宁县仁大果农协会在仁大乡南门村成立，果农李恒义任会长。

2003年

1月29日，农业部印发《优势农产品区域布局规划（2003—2007年）》，静宁县列入西北黄土高原苹果优势区。

12月，设立静宁县果业局。

2004年

8月，在首届中国（上海）国际林业产业博览会暨科技贸易洽谈会上，静宁烟富2号和早酥梨获名特优新奖，成纪富士获优秀展品金奖。

10月, 静宁县城川乡等6个乡镇10.5万亩苹果 (富士系列及秦冠) 获甘肃省农牧厅无公害农产品产地认证。

11月26日, 甘肃省质量技术监督局发布甘肃省地方标准《静宁苹果》。

12月, 静宁红富士苹果、早酥梨、杏获中国绿色食品发展中心绿色食品认证, 核准产量5万吨。

2005年

11月, 在中国 (深圳) 国际果蔬展览会上, 静宁县成纪富士苹果被中国果品流通协会授予"中华名果"称号。

11月, 静宁县被国家出入境检验检疫局认证为出口基地县, 认证出口基地18个村4.65万亩。

12月, 静宁苹果出口泰国, 率先在平凉市实现果品出口零的突破。

2006年

4月, 静宁苹果成纪富士、成纪1号经农业部果品及苗木质量监督检验测试中心 (郑州) 检测, 各项理化指标和卫生指标均达到或超过国家标准。

9月, "静宁苹果"通过国家质检总局地理标志保护产品认证。

11月, 静宁县被中国果菜专家委员会、中国果菜杂志社评选为"中国果菜无公害十强县"。

1月、11月, 静宁苹果两次走进人民大会堂。

2007年

1月, 静宁县被国家林业局命名为"全国经济林产业示范县"。

6月10日, 甘肃省质量技术监督局发布甘肃省地方标准《绿色食品 静宁苹果生产技术规程》。

9月, 静宁县政府制定实施《静宁县绿色食品原料 (苹果) 标准化生产基地管理办法》《静宁县绿色食品原料 (苹果) 标准化生产基地管理技术规程》。

11月, 静宁县被农业部认定为全国绿色食品原料标准化生产基地。

12月, 静宁苹果亮相中央电视台, 在新闻联播栏目中进行了报道。

在中国林业产业协会、中国园艺学会、中国果品流通协会、北京市果树产

业协会等单位联合主办的2008北京奥运推荐果品评选活动中，静宁常津果品
有限责任公司生产的静宁苹果荣获一等奖。

2008年

10月，中国质量认证中心认证静宁苹果良好农业规范基地4000亩。

11月，静宁县被中国果品流通协会命名为"全国'兴果富农'工程果业发
展百强优质示范县"。

2009年

静宁县制定《关于进一步加强果品产业发展的意见》，修订《静宁县果品
产业五年规划（2008—2015）》。

静宁县果业局并入静宁县林业局。

2010年

7月，静宁县被中国包装联合会授予"中国纸制品包装产业基地（静宁）"
称号。

8月，静宁县苹果产销协会成立，县委副书记魏晓平当选为第一届会长。

10月，全县首个电子交易市场——陇原红果品电子交易市场在城川乡靳寺
村开通，静宁县苹果产销协会首届赛果大会在此成功举办。

2011年

3月，全国两会期间，受静宁县苹果产销协会委托，全国人大代表毕红珍
向国务院总理温家宝赠送了一篮红红的静宁苹果。

9月7日，"静宁苹果"成功注册为中国地理标志证明商标。

12月，"静宁苹果"被中华全国供销合作总社认定为"全国标准化农产品
品牌"。

2012年

9月，第十届中国国际农产品交易会在北京全国农业展览馆隆重举办，静
宁苹果作为中国有机苹果参展，并荣获中国国际农产品交易会金奖。

12月，"静宁苹果"地理标志证明商标被国家工商总局商标局认定为中国驰名商标。

2013年

2月6日，国务院总理温家宝在静宁果农的来信上批示："甘肃省委办公厅：请代我向静宁县果农问好！衷心希望他们连年增产增收，日子越过越好。"

10月，成立静宁县果树果品研究所。

12月31日，静宁县10万亩苹果出口基地被国家质检总局评定为"国家级出口食品农产品质量安全示范区"。

2014年

7月，"静宁苹果"地理标志被国家工商行政管理总局列入第一批中欧地理标志互认保护清单备选名单。

2015年

6月，"静宁苹果"地理标志证明商标被评为"首届消费者喜爱的100件甘肃商标品牌"。

10月12日，第二届平凉金果博览会暨首届静宁苹果节在静宁开幕，著名经济学家、中央电视台财经频道评论员马光远被聘为静宁苹果品牌代言人。

10月，静宁苹果文化"六个一"工程宣传片、微视频、小说、散文出版发行。

12月，"静宁苹果"在国家质检总局地理标志产品品牌价值评价中居第16位，品牌价值为115.35亿元。

2016年

1月，全国互联网＋现代果菜产业发展年会暨第13届中国果菜产业论坛在北京召开，"静宁苹果"被评为"2015全国互联网地标产品（果品）50强"。

2月，静宁县委、县政府制定《关于加快推进苹果产业转型升级创新发展的意见》，提出了由规模扩张向质量效益转变、由粗放经营向集约发展转变、由低效产业培育向高效市场对接转变的"三个转变"思路。

8月，"静宁苹果"被中国果品流通协会、浙江大学CARD农业品牌研究中心评为"2016中国果品区域公用品牌价值十强"。

9月，静宁县被中国果品流通协会评为"全国现代苹果产业10强县 (市)"。

10月12日，第二届静宁苹果节在静宁县金果博览城举办，同时还举办了一个苹果的"风雅颂"——全国艺术家走静宁摘苹果活动。

12月，"静宁苹果"在国家质检总局地理标志产品品牌价值评价中品牌价值达132.15亿元。

12月，"静宁苹果"被全国果菜产业质量追溯体系建设年会、中国果菜产业论坛组委会、中国果菜专家委员会评为"2016全国果菜产业最具影响力地标品牌""2016全国果菜产业百强地标品牌"。

2017年

6月，静宁县苹果产销协会被中国品牌建设促进会评为"中国品牌先进会员单位"。

9月，"静宁苹果"被甘肃省农牧厅评为"2017甘肃十大农业区域公用品牌"。

10月，"静宁苹果"被中国果品流通协会评为"全国优秀果业区域公用品牌"。

10月16日，第三届静宁苹果节在静宁县成纪文化城举办，主题为"展示名优果品、扩大商贸合作、促进产业发展"。

11月，静宁县被中国果品流通协会、第三届中国果业品牌大会授予2017年中国果业扶贫突出贡献奖。

11月，"静宁苹果"被中国果品流通协会、浙江大学CARD农业品牌研究中心评为"2017中国果品区域公用品牌价值英雄"称号。

12月，"静宁苹果"在第15届中国果菜产业论坛上被中国果菜产业论坛组委会、中国果菜编辑部、供给侧改革与果菜产业绿色发展全国年会组委会授予"2017全国十佳苹果地标品牌"，同时荣获"2017年供给侧改革领军品牌"殊荣。

2018年

4月4日，国家林业局造林绿化管理司公布全国经济林产业区域特色品牌建设试点单位名单，静宁县和静宁苹果成为全国42个入选单位及品牌之一。

5月9日，"静宁苹果"在国家质检总局地理标志产品品牌价值评价中品牌价值达133.99亿元。

8月7日，静宁苹果期货交割仓库在郑州商品交易所正式挂牌交易。

8月9日，成立甘肃静宁苹果院士专家工作站。

10月16日，首届中国农民丰收节暨第四届静宁苹果节在静宁县成纪文化城开幕，主题为"庆祝农民丰收、打造现代果业、助力振兴乡村"。

10月16日，"静宁苹果"被中国品牌建设促进会、中国老区建设促进会确定为"支持革命老区脱贫攻坚'一县一品'品牌扶贫行动"品牌展产品。

11月13日，"静宁苹果"在第11届亚洲果蔬产业博览会上荣获"2018年度中国最受欢迎的果品区域公用品牌10强"。

12月，静宁苹果入编《中国工商行政管理年鉴（2018卷）》。

2019年

1月17日，农业农村部、国家林草局、国家发改委等九部委联合认定的第二批中国特色农产品优势区名单公布，甘肃省静宁县静宁苹果中国特色农产品优势区榜上有名。

1月19日，"静宁苹果"在首届中国绿色农业发展年会上被评为"2018全国绿色农业十大最具影响力地标品牌"。

1月，静宁苹果产业发展历程、品牌建设、协会管理和经验总结等4篇文章，入编中国绿色农业联盟组织编纂的《中国绿色农业发展报告2018》。

4月，在2019年中国北京世界园艺博览会上，"静宁苹果"荣获优质果品大赛国际金奖。

5月9日，2019中国品牌价值评价信息发布暨中国品牌建设高峰论坛在上海举办，发布的区域品牌（地理标志产品）前110家名单中，"静宁苹果"居第24位，品牌价值为140.25亿元。

10月15日，在北京举办的静宁苹果品牌战略发布会暨京东·静宁苹果电商节上，静宁被认证为"京东生鲜农场"静宁苹果指定种植基地。

10月16日，第五届静宁苹果节在静宁县成纪文化城举办，主题为"引导生产消费、促进果品贸易、实现农民增收、助力脱贫攻坚"。

11月20日，26辆货车满载着780吨苹果从静宁县启程，通过"陆海新通道"运往尼泊尔、缅甸、泰国等"一带一路"沿线国家。

11月22日，在第五届中国果业品牌大会、第三届中国（长沙）果品产业博览会上，静宁苹果被授予"产品金奖"称号。

12月，静宁苹果产业发展经验、品牌建设成就入编中国绿色农业联盟组织编纂的《中国绿色农业发展报告2019》。

2020年

1月11日，静宁苹果产业发展经验"甘肃省静宁县：绿色品牌成就脱贫主导产业"，在2019中国绿色农业发展年会上被评为"2019全国绿色农业十佳发展范例"。

5月10日，2020年中国品牌价值评价信息线上发布会在北京举行，发布的区域品牌（地理标志产品）前110家名单中，"静宁苹果"居第23位、苹果类第2位。

9月14日，中国和欧盟正式签署《中欧地理标志协定》，静宁苹果被列入第一批地理标志保护清单。

10月16日，首届"甘味"苹果产销对接会暨第六届静宁苹果节在静宁县成纪文化城开幕。会上中国果品流通协会为"中国苹果区域公用品牌十强——静宁苹果"授牌。

10月25日，在陕西杨凌示范区举办的中国品牌建设促进会超10亿元地域品牌价值发布上，"静宁苹果"品牌价值发布为158.95亿元，被授予中国农产品地域品牌价值"2020年标杆品牌"。

10月25日，在河南省灵宝市举办的豫晋陕黄河金三角苹果展销会上，"静宁苹果"被中国果品流通协会、浙江大学CARD农业品牌研究中心评为"2020苹果区域公用品牌声誉十强"。

11月6日，"静宁苹果"被中国苹果产业协会评为"2020年度中国苹果产业榜样100品牌"。

11月28日，第17届中国-东盟博览会甘肃平凉·静宁苹果2020年（南宁）专场品牌推介会在广西南宁海吉星水果批发市场举行，现场签下8700万元销售大单。

附　录

国家质量监督检验检疫总局关于批准对静宁苹果实施地理标志产品保护的公告

2006年第125号●

　　根据《地理标志产品保护规定》，我局组织了对静宁苹果地理标志产品保护申请的审查。经审查合格，现批准自即日起对静宁苹果实施地理标志产品保护。

一、保护范围

　　静宁苹果地理标志产品保护范围以甘肃省静宁县人民政府《关于界定静宁苹果产地范围的报告》（静政字〔2006〕16号）提出的范围为准，为甘肃省静宁县仁大乡、李店镇、治平乡、深沟乡、贾河乡、余湾乡、雷大乡、双岘乡、甘沟乡、新店乡、古城乡、城关镇、城川乡、威戎镇、司桥乡、四河乡、红寺乡、细巷乡、界石铺、八里镇等20个乡镇现辖行政区域。

二、质量技术要求

　　（一）品种

　　红富士系、秦冠。

　　（二）立地条件

　　海拔1300米至1700米；土壤为黄绵土，有机质含量≥0.9%，pH7.5至8.0。

　　（三）苗木繁育

　　以新疆野苹果、楸子、陇东海棠为砧木，选择红富士系、秦冠优良品种接

　　● 资料来源：国家质量监督检验检疫总局网站，2007年7月10日。

穗嫁接繁育。

（四）栽培管理

1.栽植：栽植密度每公顷不超过660株。秋栽在土壤结冻前栽植，栽后灌水并埋土越冬。春栽在土壤解冻后，树苗发芽前栽植，栽后灌透水。

2.土壤管理：实施铺沙、覆草、覆地膜等增温保墒土壤管理技术。

3.施肥：有机肥每公顷不少于60吨，化肥施用量每公顷不超过1.5吨。基肥于秋季或早春开沟施入，深度30厘米至40厘米，施入全部有机肥和2/3化学肥料；追肥于花前、幼果膨大期开浅沟施入，深度15厘米至20厘米，施用量占全年化肥用量的1/3。

4.水分管理：视土壤墒情，在花前、幼果膨大期和冬季进行适时灌水。

5.整形修剪：树形选择纺锤形或改良纺锤形，冬季修剪与夏季修剪相结合，实施四季修剪，每公顷枝量控制在90万至120万条。

6.花果管理：进行人工疏花疏果，每20厘米留一个果，每公顷产量控制在45吨以内。

（五）采收和贮藏

1.采收：采收时间10月10日至20日，生育期170天。

2.贮藏：自然通风库贮藏至翌年3月下旬；气调库贮藏期限为翌年6月底。

（六）质量要求

1.感官特色：

项　目	指　标	
	红富士系	秦冠
果形指数	> 0.9	> 1.0
果形	果形端正	果形端正
色泽	色泽鲜红	色泽浓红
着色面	80%以上	80%以上
果梗	完整或统一剪除	完整或统一剪除

2.理化指标:

项 目	单 位	指 标	
		红富士系	秦冠
硬度	kg/cm²	≥8.0	≥6.5
可溶性固形物	%	≥14.5	≥13.5
总酸	%	≤0.40	≤0.35
固酸比	—	≤40	≤45

三、专用标志使用

静宁苹果地理标志产品保护范围内的生产者，可向甘肃省静宁县质量技术监督局提出使用"地理标志产品专用标志"的申请，由国家质量监督检验检疫总局公告批准。

自本公告发布之日起，各地质检部门开始对静宁苹果实施地理标志产品保护措施。

特此公告。

国家质量监督检验检疫总局

2006年9月4日

"静宁苹果"商标注册证

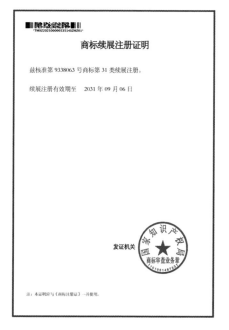

国家工商行政管理总局商标局
关于认定"静宁苹果"商标为驰名商标的批复

商标驰字〔2012〕469号

甘肃省工商行政管理局：

《甘肃省工商行政管理局关于甘肃省静宁县苹果产销协会在案件中申请认定"静宁苹果"商标为驰名商标的请示》（甘工商发〔2012〕180号）及相关材料收悉。

根据《商标法》《商标法实施条例》及《驰名商标认定和保护规定》的有关规定，经审查研究，认定静宁县苹果产销协会使用在商标注册用商品和服务国际分类第31类苹果商品上的"静宁苹果"注册商标为驰名商标。

请你局依据有关法律规定并结合案件具体情况，指导立案机关对相关案件予以处理。

附件："静宁苹果"商标图样（略）

国家工商行政管理总局商标局

2012年12月30日

"静宁苹果"证明商标使用管理规则

静宁县苹果产销协会

第一章 总 则

第一条 为了促进"静宁苹果"的生产、经营和产业发展，保证商品果质量，维护和提高静宁苹果在国内外市场的信誉，保护"静宁苹果"证明商标使用者和果品消费者的合法权益，根据《中华人民共和国商标法》《中华人民共和国商标法实施细则》和国家工商行政管理总局《集体商标、证明商标注册和管理办法》，制定本规则。

第二条 "静宁苹果"是经国家工商行政管理总局商标局注册的证明商标，用于证明"静宁苹果"的原产地域和特定品质。

第三条 静宁县苹果产销协会是"静宁苹果"证明商标的注册人，对该商标享有专用权。

第四条 申请使用"静宁苹果"证明商标的，应当按照本规则的规定，经静宁县苹果产销协会审核批准。

第二章 "静宁苹果"证明商标的使用条件

第五条 使用"静宁苹果"证明商标的产品种植地域范围：甘肃省静宁县的仁大乡、李店镇、治平乡、深沟乡、贾河乡、余湾乡、雷大乡、双岘乡、甘沟乡、新店乡、古城乡、城关镇、城川乡、威戎镇、司桥乡、四河乡、红寺乡、细巷乡、界石铺镇、八里镇等20个乡镇，东经105°20′～106°05′，北纬35°0′～36°45′，海拔1340～2245米。该地域属黄土高原丘陵沟壑地貌环境，土壤以黄绵土、黑垆土为主，土层深厚，无污染。年平均气温8.3℃，绝对最高气温33.9℃，绝对最低气温−25.7℃，日照总时数2252小时，全年无霜期159天，平均降水量423.6毫米。属暖温带半湿润半干旱气候，境内四季分明，光照充足，气候冷凉，海拔高，昼夜温差大，小气候明显，空气水源无污染，环境质量佳，具有生产绿色苹果得天独厚的自然条件。

第六条 使用静宁苹果证明商标果品的品质特征：

(1) 果品品种：静宁苹果。

(2) 果品感官：果形端正，呈圆形，果面平滑，光洁无污染、色泽鲜艳、呈条红或片红状；皮薄、个大、果肉组织致密、呈黄白色，质脆、硬度大、耐储运。

(3) 理化指标：苹果单果重200～300克，硬度6.0千克/厘米^{2}以上，可溶性固形物13.5%以上，维生素C含量6.0毫克/100克，总酸0.40%以下，果汁多，味美而甜。

第七条 同时符合上述使用条件的产品经营者，可申请使用"静宁苹果"证明商标。

第三章 "静宁苹果"证明商标使用申请程序

第八条 申请使用"静宁苹果"证明商标的使用者应向静宁县苹果产销协会提交《"静宁苹果"证明商标使用申请书》。

第九条 静宁县苹果产销协会自收到申请人提交的申请后，在30天日完成下列审核工作：

(1) 静宁县苹果产销协会派人对申请人的产品进行实地考察，并委托甘肃省平凉市产品质量监督检验所对产品进行检测。

(2) 检测和综合审查后，做出书面审核意见。

第十条 符合"静宁苹果"证明商标使用条件的，应办理如下事项：

(1) 双方签订《证明商标使用许可合同》(附范本)。

(2) 申请人领取"静宁苹果"证明商标使用证。

(3) 申请人领取证明商标标识。

(4) 申请人缴纳管理费。

第十一条 申请人未获准使用"静宁苹果"证明商标的，可以自收到审核意见通知15天内，向工商行政管理部门申诉，静宁县苹果产销协会尊重工商行政管理部门的裁定意见。

第十二条 "静宁苹果"证明商标使用许可合同有效期为2年；到期继续使用者，须在合同有效期届满前60天内向静宁县苹果产销协会提出续签合同的申请；逾期不申者，合同有效期满后不得使用该商标。

第四章　"静宁苹果"证明商标被许可使用者的权利、义务

第十三条　"静宁苹果"证明商标被许可使用者的权利：

(1) 在其苹果果品上或包装上使用该商标。

(2) 使用"静宁苹果"证明商标进行苹果果品广告宣传。

(3) 优先参加静宁县苹果产销协会主办或协办的技术培训、贸易洽谈、信息交流活动。

第十四条　"静宁苹果"证明商标被许可使用者的义务：

(1) 维护"静宁苹果"特有品质、质量和市场声誉，保证产品质量稳定。

(2) 接受静宁县苹果产销协会对苹果果品不定期的检测和对商标使用的监督，支持质量检测、监督工作人员工作。

(3) "静宁苹果"证明商标的使用者，应有专人负责该证明商标标识的管理和使用工作，确保"静宁苹果"证明商标标识不失控、不挪用、不流失，不得将该商标用于不符合品种、质量要求的苹果果品，不得向他人转让、出售、馈赠"静宁苹果"证明商标标识，不得许可他人使用"静宁苹果"证明商标。

(4) 接受工商行政管理部门的监督管理。

(5) 必须按照有关国家标准、行业标准和技术操作规程组织产品的生产和检验。

第五章　"静宁苹果"证明商标的管理

第十五条　静宁县苹果产销协会是"静宁苹果"证明商标的管理机构，负责"静宁苹果"证明商标使用管理规则的制定和实施，负责对使用该证明商标的产品进行全方位的跟踪管理，做好产品质量的监督检测工作，并协助工商行政管理部门调查处理侵权、假冒案件。

第十六条　静宁县苹果产销协会与静宁苹果证明商标被许可使用人签订的许可使用合同，送交静宁县工商行政管理局存查，并报送国家工商行政管理总局商标局备案。

第十七条　静宁县苹果产销协会为保证"静宁苹果"证明商标许可使用工作的科学性、严肃性、公正性、权威性，诚请各有关部门和社会团体进行监督，同时也接受和处理使用"静宁苹果"证明商标产品消费者的投诉。

第六章 "静宁苹果"证明商标的保护

第十八条 "静宁苹果"证明商标受有关法律保护。如有假冒侵权等行为发生，静宁县苹果产销协会将组织收集证据材料，并对举报单位和个人给予必要的奖励。

第十九条 对未经静宁县苹果产销协会许可，擅自在苹果产品及其包装上使用与"静宁苹果"证明商标相同或近似商标的，静宁县苹果产销协会将依据《中华人民共和国商标法》及有关法规和规章的规定，提请工商行政管理部门依法查处或向人民法院起诉；对情节严重、构成犯罪的，报请司法机关依法追究侵权者的刑事责任。

第二十条 "静宁苹果"证明商标的使用者如违反本规定，静宁县苹果产销协会有权收回其证明商标准用证和已领取的证明商标标识，终止与使用者的证明商标使用许可合同；必要时将请求工商行政管理机关调查处理或寻求司法途径解决。

第七章 附 则

第二十一条 使用"静宁苹果"证明商标的具体管理费标准由静宁县苹果产销协会按照国家有关规定并报有关部门审批后实施。

第二十二条 "静宁苹果"证明商标的管理费专款专用，主要用于印制证明商标标识、检测产品、受理证明商标投诉、收集案件证据材料和宣传证明商标等工作，以保障"静宁苹果"证明商标产品的信誉，维护使用者和消费者的合法权益。

第二十三条 本规则由静宁县苹果产销协会负责解释。

第二十四条 本规则自国家工商行政管理总局商标局核准注册该证明商标之日起生效。

2010年7月12日

甘肃省地方标准《静宁苹果》

DB62/T 1248—2004❶

1 范围

本标准规定了静宁苹果的原产地环境、试验方法、检验规则、标志、标签、包装运输和贮存。

本标准适用于静宁县域内富士、秦冠系列苹果的生产和流通。

2 规范性技术文件

下列文件中的条款通过本标准的引用而成为本标准的条款。凡是注日期的引用文件，其随后所有的修改单（不包括勘误的内容）或修订版均不适用于本标准。然而，鼓励根据本标准达成协议的各方研究是否可使用这些文件的最新版本。凡是不注日期的引用文件，其最新版本适用于本标准。

GB/T 14973　食品中粉锈宁残留量的测定方法

GB/T 17329　食品中双甲脒残留量的测定

GB/T 17332　食品中有机氯和拟除虫菊酯类农药多种残留的测定

GB/T 17333　食品中除虫脲残留量检验方法

GB/T 5009.11　食品中总砷的测定方法

GB/T 5009.12　食品中铅的测定方法

GB/T 5009.13　食品中铜的测定方法

GB/T 5009.15　食品中镉的测定方法

GB/T 5009.17　食品中总汞的测定方法

GB/T 5009.18　食品中氟的测定方法

❶　资料来源：甘肃省质量技术监督局2004年11月26日发布，2004年12月1日实施。主要编写人员：田恒、李建明、李宗海。

GB/T 5009.19　食品中六六六、滴滴涕残留量的测定方法

GB/T 5009.20　食品中有机磷农药残留量的测定方法

GB/T 5009.38　蔬菜、水果卫生标准的分析方法

GB/T 8559　苹果冷藏技术

GB/T 8855　新鲜水果和蔬菜卫生标准的分析方法

GB/T 10651　鲜苹果

GB/T 13607　苹果、柑桔包装

GB/T 14875　食品中辛硫磷农药残留量的测定方法

GB/T 14877　食品中氨基酸酯类农药残留量的测定方法

GB/T 14879　食品中二氯苯醚菊酯残留量的测定方法

GB/T 14929.4　食品中氯氰菊酯、氰戊菊酯、溴氰菊酯残留量测定方法

SN 0150　出口水果中三唑锡残留量检验方法

SN 0334　出口水果和蔬菜中22种有机磷农药残留量检验方法

SN 0654　出口水果中克菌丹残留量检验方法

3 术语和定义

下列术语和定义适用于本标准。

静宁苹果分为AA级果品、A级果品两大类。

3.1 AA级果品

在环境质量符合规定标准的产地，生产过程中不使用任何有机化学合成物质，按特定的生产操作规程生产、加工，产品质量及包装物经检测符合无公害食品标准要求，并经专门机构认定，可使用AA级果品标志的果品。

3.2 A级果品

在环境质量符合规定标准的产地，生产过程中允许限量使用限定的化学合成物质，按特定的生产操作规程生产、加工，产品质量及包装物经检测符合无公害食品标准要求，并经专门机构认定，可使用A级果品标志的果品。

4 要求

4.1 感官要求

感官要求应符合表1的规定。

表1　感官要求

项　目		指　标
风味		具有本品种的特有风味，无异常气味
成熟度		充分发育，达到市场或贮存要求的成熟度
果形		果形端正
色泽		具有本品种成熟时应有的色泽
果梗		完整或统一剪除
果实横径（mm）	优级果	≥80
	一级果	≥75

注：优级果、一级果除以上规定外，不得有其任何缺陷，如碰伤、枝叶磨伤、水锈、药害、日烧、裂纹、雹伤、病虫等缺陷。

4.2 理化要求

理化指标应按表2规定和GB/T 10651执行。

表2　理化要求

项　目	指　标
硬度	富士系8kg/cm² 以上，秦冠7.0kg/cm² 以上
可溶性固形物	富士系不低于14.5%，秦冠不低于13.5%
总酸	富士系不高于0.4%，秦冠不高于0.35%
维生素C含量（mg/100g）	富士系6.5，秦冠6.0

4.3 卫生要求

卫生指标应符合表3的规定。

表3　卫生要求

项目（mg/kg）	指　标
汞（以Hg计）	≤0.01
镉（以Cd计）	≤0.03

静宁苹果

（续）

项目（mg/kg）	指　标
铅（以Pb计）	≤0.2
砷（以As计）	≤0.5
铜（以Cu计）	≤10
六六六	≤0.2
滴滴涕	≤0.1
敌敌畏	≤0.1
乐果	≤0.5
杀螟硫磷	≤0.1
辛硫磷	≤0.05
马拉硫磷	不得检出
多菌灵	≤0.5
氯菊酯	≤2
抗蚜威	≤0.5
溴氰菊酯	≤0.1
氰戊菊酯	≤0.2
三唑酮	≤1
克菌丹	≤5
敌百虫	≤0.1
除虫脲	≤1
氯氟氰菊酯	≤0.2
三唑锡	≤2
毒死蜱	≤1
双甲脒	0.5

5 试验方法

5.1 感官指标的检验

按4.1要求执行。

5.2 理化指标的检验

按表2要求执行。

5.3 卫生指标的检验

(1) 六六六、滴滴涕按GB/T 5009.19规定执行。

(2) 杀螟硫磷、敌敌畏、乐果、马拉硫磷按GB/T 5009.20规定执行。

(3) 辛硫磷按GB/T 14875规定执行。

(4) 多菌灵按GB/T 5009.38规定执行。

(5) 二氯苯醚菊酯按GB/T 14879规定执行。

(6) 抗蚜威按GB/T 14877规定执行。

(7) 溴氰菊酯、氰戊菊酯按GB/T 14929.4规定执行。

(8) 三唑酮按GB/T 14973规定执行。

(9) 克菌丹按SN 0654规定执行。

(10) 敌百虫、毒死蜱按SN 0334规定执行。

(11) 除虫脲按GB/T 17333规定执行。

(12) 三氟氯氰菊酯按GB/T 17332规定执行。

(13) 三唑锡按SN 0150规定执行。

(14) 双甲脒按GB/T 17329规定执行。

(15) 砷按GB/T 5009.11规定执行。

(16) 铅按GB/T 5009.12规定执行。

(17) 铜按GB/T 5009.13规定执行。

(18) 镉按GB/T 5009.14规定执行。

(19) 汞按GN/T 5009.17规定执行。

6 检验规则

6.1 检验分类

6.1.1 型式检验

型式检验是对产品进行全面考核，即对本标准规定的全部要求（指标）进行检验。有下列情形之一者应进行型式检验：

（1）申请无公害农产品标志或无公害食品年度抽查检验。

（2）前后两次出厂检验结果差异较大。

（3）因人为或自然因素使生产环境发生较大变化。

（4）国家质量监督机构或主管部门提出型式检验要求。

6.1.2 交收检验

生产单位对每批产品交收前都要进行交收检验，内容包括包装、标志、感官要求、检验合格后并附合格证的产品方可交收。

6.2 检验批次

同一生产基地、同一品种规格、同一成熟度、同一包装日的果品为一个检验批次。

6.3 抽样方法

按 GB/T 8855规定执行。以一个检验批次为一个抽样批次。抽取的样品必须具有代表性，应在全批货物的不同位置随机抽取，样品的检验结果适用于整个检验的批次。

6.4 判定规则

6.4.1 感官指标

（1）当一个果实存在多项缺陷时，只记录其中最主要的一项。单项不合格果的百分率按下式计算。各项不合格果的百分率之和即为总的不合格果百分率。

$$X=m_1 / m_2$$

式中：X——单项不合格百分率，单位百分率（%）；m_1——单项不合格果数，单位为千克或个（kg或个）；m_2——检验样本的果数，单位为千克或个（kg或个）。

（2）在整批样品总不合格果率不超过5%的前提下，单个包装件数的不合格果率不得超过10%，否则即判定该样品不合格。

6.4.2 理化指标

有一项不合格，即判定该样品不合格。

6.4.3 卫生指标

有一项不合格，即判定该样品不合格。

7 标志、标签

无公害苹果的销售和运输均应标注无公害农产品标志。标签应标注：产品名称、注册商标、产地、执行标准、重量、规格（果数）、包装单位名称、质量等级。

8 包装、运输、贮存

8.1 包装

8.1.1 包装容器

选用钙塑瓦楞箱和瓦楞纸包装，箱内应分层，单果应套包装用聚乙烯吹塑发泡网套。包装容器，其技术要求应符合GB/T 13607的规定。包装容器内不得有枝、叶、砂、石、尘土及其他异物，内包装材料应洁净、无异味，不含对果实造成伤害和污染的物质。每种规格的包装，果实大小、色泽、成熟度、上下层间均匀一致，均应代表整个包装件的质量情况。同一包装件中果实横径差异不得超过5mm。

8.1.2 包装规格

一般包装件应以重量为主，范围在5～20kg。如按果实数目包装，应在20～100个。

8.2 运输

（1）运输工具清洁卫生，无异味。不得与有毒有害物品混装。尽量采用低温运输。装卸时应轻拿轻放。

（2）待运时应按批次，堆码整齐，存放环境清洁，通风良好。严禁烈日暴晒、雨淋。注意防冻、防热。

8.3 贮存

（1）无公害农产品陇原红苹果的冷藏按GB/T 8599规定执行。

（2）库存无异味。不得与有毒、有害物质、物品混合存放。不得使用有损无公害农产品质量的保鲜试剂和材料。

甘肃省地方标准《绿色食品 静宁苹果生产技术规程》

DB62/T 1670—2007●

1 范围

本技术规程规定了静宁县苹果优生区绿色食品静宁苹果生产的园地选择与规划、栽植、土肥水管理、整形修剪、花果管理、病虫害防治和果实采收等技术。

本技术规程适用于静宁苹果生产区。

2 规范性引用文件

下列国家颁布文件中的条款通过引用成为本技术规程的条款。静宁县制定的《静宁县绿色果品标准体系》中的条款也直接引用成为本技术规程的条款。若国家标准修改，以国家修改标准为准。

NY/T 393—2000   绿色食品 农药使用准则

NY/T 394—2000   绿色食品 肥料使用准则

NY/T 5012—2001   苹果生产技术规程

NY 5013—2001   无公害食品 苹果产地环境条件

3 园地选择与规划

3.1 集中连片

以村或乡为单位，调整好土地，集中连片建园，统一规划，以节约土地和投资，便于集约经营管理。

3.2 地势平坦

选择地势平坦或小于5°的缓坡地，光照充足，通风良好的地段建园，超

● 资料来源：甘肃省质量技术监督局2007年6月10日发布，2007年7月10日实施。主要编写人员：李建明、杨百亨。

过5°～20°的地段，先修梯田后建园。

3.3 土质良好

园地土层深度要在1米以上，土质疏松，通透性好，pH6.5～7.5的黄土、壤土或砂壤土，地下水1.5米以下。

3.4 海拔高度

宜选在1300～1600米。

4 品种和苗木选择

4.1 品种选择

近期适宜静宁县发展的品种有：苹果以富士优系（礼泉短富、烟富1号至烟富6号、2001富士、长富2、秋富1等）和秦冠为主栽品种。

4.2 苗木选择

根据立地条件，可选基砧为新疆野苹果、楸子、陇东海棠的矮化中间砧、乔砧无毒苗或普通苗，两种类型的苗木均须符合国家苹果苗木一级标准。

5 栽植

5.1 授粉树配置

授粉品种与主栽品种应有较好的亲和力，主栽品种与授粉品种的比例约为4∶1。采用隔行或混栽配置。

5.2 栽植密度

一般株行距3米×4米。乔化品种、肥水条件好的地类株行距可适当加大，矮化品种、肥水条件较差的地类株行距可适当减小。特殊树形依树种具体特性确定株行距。

5.3 栽植时间

分秋栽和春栽两种。秋栽在土壤结冻前栽植，栽后灌水并埋土越冬。春栽在土壤解冻后，树苗发芽前栽植，栽后灌透水。

5.4 栽植方法

采用定植沟或穴栽植。定植沟一般宽80～100厘米，深80厘米，定植穴为80厘米见方的圆坑，定植时在穴、沟底部放入秸秆、杂草等，每株周围施农家肥25千克左右，并混合0.5~1千克的磷肥。

栽植沟穴内施入的有机肥应是《静宁县绿色果品标准体系》中5.2.1中规定的农家肥和商品肥料。

栽后树盘或树行覆膜。定干苗可套5厘米×80厘米的膜袋，苗木成活发芽后分步取袋。

6 土肥水管理

6.1 土壤管理

6.1.1 深翻改土

深翻改土分为扩穴深翻和全园深翻。每年秋季落叶前或果实采收后，结合秋施基肥进行。扩穴深翻在定植穴（沟）外挖环状或平行沟，沟宽80厘米，深60厘米左右。全园深翻是将栽植穴外的土壤全部深翻，深度30~40厘米，土壤回填时混以有机肥，表土放在底层，底土放在上层，然后灌水，使根与土壤密接。

6.1.2 中耕

清耕制果园在生长季节降水或灌水后，及时中耕松土，保持土壤疏松无杂草。中耕深度5~10厘米，以利调温保墒。

6.1.3 覆草和埋草

覆草在春季施肥、灌水后进行，可以用麦秸、麦糠、玉米秸、干草等。把覆盖物覆在树冠下，厚度15~20厘米，上面压少量土，3~4年后浅翻一次；也可结合深翻开大沟埋草，提高土壤肥力和蓄水能力。

6.1.4 果园生草

果园生草有全园生草、行间生草和株间生草三种方式。土层深厚、肥沃的果园可采用全园生草法，土层浅薄的果园可采用行间和株间生草法。

目前，适宜静宁县种植的草种有白三叶、红三叶、黑麦草等，可秋播或春播，每亩用籽量0.5千克。每年可刈割2次，可将刈割的草直接覆在树盘，也可作为饲料饲养家畜，畜粪还田。

6.1.5 间作

幼树期行间空地可进行间作。实行间作的果园应保证充足的水肥供应，必须留足足够的营养带。一般1年生树留1米，2年生树留1.5米，3年生树留2米。

3米×4米中密植园可间作2～3年，稀植园可间作3～5年。

间作的作物必须是与果树争水、争肥、争光的矛盾较小，不能与果树有共同的病虫害。适宜间作的作物有豆类、绿肥、低杆药用植物、西瓜、辣椒、大葱等。不应种植高秆、喜水作物，如玉米、高粱、白菜、小麦等。

6.2 施肥

6.2.1 施肥原则

依据《静宁县绿色果品标准体系》中5.1规定的肥料使用规则及有关规定严格执行，注意区分AA级和A级果品生产中肥料使用的种类。施肥原则是以有机肥为主、化肥为辅，保护并增加土壤肥力及土壤微生物活性，所施用的肥料不应对果园环境和果实品质产生不良影响。

6.2.2 允许使用的肥料种类

农家肥料：包括堆肥、沤肥、厩肥、沼气肥、绿肥、作物秸秆肥、泥肥、饼肥等。

商品肥料：包括商品有机肥料、腐殖酸类肥、微生物肥、有机复合肥、无机（矿质）肥、叶面肥等。

其他肥料：用不含有毒物质的食品、油渣、豆渣、牛羊毛废料、骨粉、氨基酸残渣、骨胶废渣、家禽家畜加工废料等有机物料制成的，经农业部门登记允许使用的肥料。

6.2.3 禁止使用的肥料

未经无害化处理的城市垃圾或含有金属、橡胶和有害物质的垃圾；硝态氮肥和未腐熟的人粪尿；未获登记的肥料产品。

6.2.4 施肥方法和数量

（1）基肥。秋季果实采收后施入，以农家肥为主，混加少量氮素化肥。施肥量按1千克苹果施1.5～2.0千克优质农家肥计算，一般盛果期苹果每666.7米²施3000～5000千克有机肥。施肥方法可沟施或撒施。沟施一般在树冠投影外围，撒施可全园进行。沟施深度40～60厘米，撒施深翻20厘米左右。

（2）追肥

土壤追肥：每年3次，第一次在萌芽前后，以氮肥为主，磷钾混合施用；第二次在花芽分化及幼果膨大期，以磷、钾肥为主，混合施入适量氮肥；第三次在果实生长后期，以钾肥为主。施肥量一般要求：结果树每生产100千克苹果需追施纯氮1.0千克、纯磷0.8千克、纯钾1.0千克。树冠下开沟施入，深度15～20厘米，追肥后及时灌水，最后一次追肥在距果实采收前30天进行。

叶面追肥：全年4～5次，一般生长前期2次，以氮肥为主；后期2～3次，以磷、钾肥为主，可补施微量元素。常用肥料浓度为尿素0.3%～0.5%、磷酸二氢钾0.2%～0.3%、硼砂0.3%。

6.3 水分管理

灌溉水的质量应符合《静宁县绿色果品标准体系》中4.2规定的农田灌溉水质量要求。有污染的河水、地表水不能使用，应采用无污染河水、窖水、深层地下水灌溉。

灌水时间：萌芽至花期、果实膨大期、采果前20～30天、封冻前。

灌水指标：一般保持土壤含水量在16%～20%，不可过干或过湿。

灌水方法：尽量采用节水灌溉措施，有条件的可进行喷灌、滴灌和渗灌，少用大水漫灌。

7 整形修剪

合理选择树形，科学修剪，促使果树生长旺盛，提早开花结果，保证果品产量，提高果品质量；加强果树生长季修剪，拉枝开角，及时疏除树冠内直立旺长枝、密生枝和剪锯口处的萌蘖枝等，以改善树体通风透光条件。

7.1 树形

根据栽植密度及品种特性选定树形，一般亩栽55株以下的，采用疏层形；亩栽55～83株的，采用自由纺锤形或改良式纺锤形。

7.2 修剪方法

7.2.1 春季修剪

春季修剪以"刻芽促梢"和"抹芽除萌"为主要内容。3月中旬至4月上旬，对一年生辅养枝的两侧芽、主枝两侧芽刻芽、中央干延长枝上每隔20厘米刻一芽，促发新梢。萌芽后，将枝条背上或剪锯口的无用萌芽抹除，增加有效枝比例。结果树进行花前复剪。

7.2.2 夏季修剪

夏季修剪主要是调节新梢生长量和生长势，为促发短枝和花芽形成，对幼树和初结果树主要采用拉枝、捋枝、变向等手法缓和其生长势，促进成花。

7.2.3 秋季修剪

秋季修剪以"拉枝开角"为主，根据树形要求，拉开枝条角度，同时调整方位，使其分布均匀，充分占据空间。纺锤形树的主枝角度为80°～100°，辅养枝为100°～120°，及时疏除中心干、主枝背上无用的直立新梢及大枝分叉处和剪锯口附近的萌生枝。

7.2.4 冬季修剪

冬季修剪主要对树体结构进行合理调整，包括大枝数量、枝组比例、枝组大小、总留枝量和花芽数量的调节。疏除重叠枝、徒长枝和干扰树体结构的强旺大枝，更新结果枝组。当主枝上的侧枝过大和过多时，要分年疏除，对过大的结果枝组通过回缩调整枝组角度和方位，不再对主枝延长头进行短剪，可进行回缩换头，并注意保持单轴延伸培养疏松下垂结果枝组。

8 花果管理

8.1 疏花疏果

当发芽后能准确识别花芽时，立即进行花前复剪。在花蕾期，富士系、秦冠均应按20～30厘米距离留一花序，待坐果后只选留中心端正果，其余果一律疏除。

8.2 保花保果

在初花期和盛花期各喷0.3%硼砂＋0.1%尿素＋1%蔗糖的混合液，有条件的可进行果园花期放蜂，促进授粉坐果，授粉树不足的果园应进行人工辅助授粉。预防花期和幼果期霜冻可采用树上喷水、果园灌水和熏烟等方法。

9 果实套袋

9.1 果袋选择

生产上使用的果袋应选择有注册商标的合格产品，为生产优质高档果应选质量较好的专用双层纸袋，以防果锈和污染，提高果面光洁度和着色度。

9.2 套前准备

应选果园综合管理水平高、树体结构合理、严格疏花疏果的树进行果实套袋。落花后7天至30天内喷氨基酸钙肥500倍。套袋前1～3天要细致周到地喷施一次高效、低毒的杀虫、杀螨、杀菌剂。

9.3 套袋和除袋

9.3.1 套袋时期和方法

花后35天左右（6月上旬）开始至6月中旬结束，10~15天完成。一天中宜在9：00—12：00和15：00—19：00进行套袋，套袋应尽量避开高温天气。套袋时应将幼果放在纸袋中央，封严袋口，不要压伤果柄。

9.3.2 除袋时期和方法

一般要求9月20—25日开始除外袋，间隔3~5天后10月1日前除完内袋。除袋最好在晴天9：00—12：00、15：00—18：00进行。若果园干旱，应适量灌水，预防果实日灼。

10 病虫害防治

10.1 防治原则

以农业防治和物理防治为基础，物理防治为核心，按照病虫害的发生规律和经济阈值，科学使用化学防治技术，有效控制病虫危害。

10.2 农业防治

采取剪除病虫枝、清除枯枝落叶、刮除树干粗皮和翘皮、进行地面秸秆覆盖、科学翻施肥料等措施抑制病虫害发生。

10.3 物理防治

根据虫害生物学特性，采取糖醋液、树干草绳和黑光灯等方法诱杀害虫。

10.4 生物防治

人工释放赤眼蜂，助迁和保护瓢虫、草蛉虫等天敌，施用白僵菌防治桃小食心虫，利用昆虫性外激素诱杀或干扰成虫交配。

10.5 化学防治

10.5.1 用药原则

根据防治对象的生物学特性和危害特点，允许使用生物源农药、矿物源农药和低毒有机合成农药，有限制地使用中毒农药，禁止使用剧毒、高毒、高残留农药。

10.5.2 允许使用的农药品种及使用技术

杀菌剂、杀虫剂、杀螨剂的品种及使用技术如表1、表2所示。

表1　苹果园允许使用的主要杀菌剂

农药品种	毒性	稀释倍数和使用方法	防治对象
5%菌毒清水剂	低毒	萌芽前30~50倍液涂抹，100倍液喷施	苹果树腐烂病、苹果枝干轮纹病
腐必清乳剂（涂剂）	低毒	萌芽前2~3倍液涂抹	苹果树腐烂病、苹果枝干轮纹病
2%农抗120水剂	低毒	萌芽前10~20倍液涂抹，100倍液喷施	苹果树腐烂病、苹果枝干轮纹病
80%喷克可湿粉	低毒	800倍液喷施	苹果斑点落叶病、轮纹病、炭疽病
80%大生M-45可湿粉	低毒	800倍液喷施	苹果斑点落叶病、轮纹病、炭疽病
70%甲基托布津可湿粉	低毒	800~1000倍液喷施	苹果斑点落叶病、轮纹病、炭疽病
50%多菌灵可湿粉	低毒	600~800倍液喷施	苹果轮纹病、炭疽病
40%福星乳油	低毒	6000~8000倍液喷施	苹果斑点落叶病、轮纹病、炭疽病
1%中生菌素水剂	低毒	200倍液喷施	苹果斑点落叶病、轮纹病、炭疽病
27%铜高悬浮剂	低毒	500~800倍液喷施	苹果斑点落叶病、轮纹病、炭疽病
石灰倍量式或多量式波尔多液	低毒	200倍液喷施	苹果斑点落叶病、轮纹病、炭疽病
50%扑海因可湿粉	低毒	1000~1500倍液喷施	苹果斑点落叶病、轮纹病、炭疽病
70%代森猛锌可湿粉	低毒	600~800倍液喷施	苹果斑点落叶病、轮纹病、炭疽病
70%乙膦铝猛锌可湿粉	低毒	500~600倍液喷施	苹果斑点落叶病、轮纹病、炭疽病
硫酸铜	低毒	100~150倍液喷施	苹果根腐病
15%粉锈宁乳油	低毒	1000~1500倍液喷施	苹果白粉病
50%硫胶悬剂	低毒	200~300倍液喷施	苹果白粉病
石硫合剂	低毒	发芽前3~5波美度、开花前后0.3~0.5波美度喷施	苹果白粉病、霉心病
843康复剂	低毒	5~10倍液喷施	苹果腐烂病
68.5%多氧霉素	低毒	1000倍液喷施	苹果斑点落叶病
75%百菌清	低毒	600~800倍液喷施	苹果斑点落叶病、轮纹病、炭疽病

表2 苹果园允许使用的主要杀虫剂、杀螨剂

农药品种	毒性	稀释倍数和使用方法	防治对象
1%阿维菌素乳油	低毒	5000倍液喷施	叶螨、金纹细蛾
0.3%苦参碱水剂	低毒	800~1000倍液喷施	蚜虫、叶螨等
10%吡虫啉可湿粉	低毒	5000倍液喷施	蚜虫、金纹细蛾等
25%灭幼脲3号悬浮剂	低毒	1000~2000倍液喷施	金纹细蛾、桃小食心虫等
50%辛脲乳油	低毒	1500~2000倍液喷施	金纹细蛾、桃小食心虫等
50%蛾螨灵乳油	低毒	1500~2000倍液喷施	金纹细蛾、桃小食心虫等
20%杀铃脲悬浮剂	低毒	8000~10 000倍液喷施	金纹细蛾、桃小食心虫等
50%马拉硫磷乳油	低毒	1000倍液喷施	蚜虫、叶螨、卷叶虫等
50%辛硫磷乳油	低毒	1000~1500倍液喷施	蚜虫、桃小食心虫等
5%尼索朗乳油	低毒	2000倍液喷施	叶螨类
10%浏阳霉素乳油	低毒	1000倍液喷施	叶螨类
20%螨死净胶悬剂	低毒	2000~3000倍液喷施	叶螨类
15%哒螨灵乳油	低毒	3000倍液喷施	叶螨类
40%蚜灭多乳油	中毒	1000~1500倍液喷施	苹果棉蚜及其他蚜虫等
99.1%加德士敌死虫乳油	低毒	200~300倍液喷施	叶螨类、蚧类
苏云金杆菌可湿粉	低毒	500~1000倍液喷施	卷叶虫、尺蠖、天幕毛虫等
10%烟碱乳油	中毒	800~1000倍液喷施	蚜虫、叶螨、卷叶虫等
5%卡死克乳油	低毒	1000~1500倍液喷施	叶螨、卷叶虫等
25%扑虱灵可湿粉	低毒	1500~2000倍液喷施	介壳虫、叶蝉
5%抑太保乳油	中毒	1000~2000倍液喷施	卷叶虫、桃小食心虫

10.5.3 限制使用的农药品种

限制使用的农药品种如表3所示。

表3 限制使用的农药品种

限制使用的农药种类	农药名称	限制的原因
有机磷类杀虫剂	乐果、敌敌畏、敌百虫、抗蚜威、桃小灵、乐斯本、杀螟硫磷、锌硫磷等	毒性中等，对天敌杀伤力大
菊酯类杀虫剂	功夫、灭扫利、敌杀死、杀灭菊酯、氯氰菊酯、退菌特（杀菌剂）等	对天敌杀伤力大；易产生抗药性；后两种对螨类无效

10.5.4 禁止使用的农药

禁止使用的农药包括甲拌磷、乙拌磷、久效磷、对硫磷、甲胺磷、甲基对硫磷、甲基乙硫磷、氧化乐果、磷胺、克百威、涕灭威、灭多威、杀虫脒、三氯杀螨醇、克螨特、滴滴涕、六六六、林丹、氟化钠、氟乙酰胺、福美砷及其他砷制剂等。

10.5.5 科学合理使用农药

（1）加强病虫害的预测预报，做到有针对性的适时用药，未达到防治指标或益害虫比合理的情况下可不用药。

（2）允许使用的农药中，每种每年最多使用2次，最后一次施药距采收期应间隔20天以上。

（3）限制使用的农药中，每年最多使用一次，施药距采收期应间隔30天以上。

（4）严禁使用禁止使用的农药和未核准登记的农药。

（5）根据天敌发生特点，合理选择农药种类、施用时间和施用方法，从而保护天敌。

（6）注意不同作用机理农药交替使用和合理混用，以延缓病菌和病虫产生抗药性，提高防治效果。

（7）坚持农药的正确使用，严格按使用浓度施用，施药力求均匀周到。

10.6 苹果园病虫害的综合防治

苹果园病虫害的综合防治参照表4进行。

表4 静宁县苹果园病虫害防治历

防治时期	防治对象	使用药剂	防治措施
休眠期（11月至翌年2月）	苹果红蜘蛛、山楂红蜘蛛、腐烂病、轮纹病、斑点落叶病	过氧乙酸、腐必清、愈合剂	清园、刮粗皮、剪除病虫枝和干枯枝、集中烧毁、剪锯口清毒保护、检查刮治腐烂病
萌芽期（3月下旬至4月上中旬）	红蜘蛛类、白粉病、腐烂病、小叶病、黄花病等	石硫合剂、索利巴尔、腐必清、锌肥、铁肥	萌芽前7～10天喷3～5波美度石硫合剂或100倍索利巴尔，刮治腐烂病疤，追施锌肥、铁肥
花前花后（4月下旬至5月上中旬）（关键时期）	红蜘蛛类、金龟子、卷叶蛾类、金纹细蛾、蚧壳虫、白粉病、锈病、霉心病、水心病、苦痘病等	齐螨素、螨死净、霸螨特、蛾螨灵、捕杀、快灵、甲基托布津、大生、多抗霉素、多菌灵、补钙乳	0.9齐螨素4000倍+70%甲托1000倍+补钙乳500倍或大生800倍（多抗霉素500倍）
花后生理落果期（5月中下旬至6月上旬）（关键时期）	早期落叶病、轮纹病、苦痘病、水心病，兼治红蜘蛛、蚜虫、卷叶蛾类	70%甲基托布津、大生M-45、多抗霉素、福生、力贝佳、补钙液、齐螨素	大生M-45800倍+杀虫杀螨剂+补钙乳+多元微肥；多抗霉素500倍+杀虫杀螨剂+补钙乳+叶面肥等 注：6月上旬叶面喷促花素，能促进花芽分化
果实膨大期（6月中下旬至7月上旬）（关键时期）	桃小食心虫、金纹细蛾、红蜘蛛类斑点落叶病、苦痘病	大生M-45、多抗霉素、甲基托布津、多菌灵、蚜虱净、捕杀、补钙乳	大生M-45800倍（或多抗霉素500倍、70%甲托1000倍、50%多菌灵800倍）+2%齐螨素5000倍+补钙乳等叶面肥
早熟品种成熟期（7月中旬至8月中旬）	桃小食心虫（二代）、金纹细蛾、金龟子、斑点落叶病	齐螨素、捕杀、大生、多抗霉素、甲基托布津、波尔多液	70%甲托1000倍（多抗霉素500倍、50%多菌灵800倍）+2%齐螨素5000倍 注：倍量式波尔多液防斑点落叶病有特效
中晚熟品种成熟期（9月上旬至10月下旬）	金纹细蛾、梨园蚧、果实贮藏期病害、腐烂病等	齐螨素、补钙乳、70%甲基托布津	2.0齐螨素5000倍+70%甲基托布津1000倍+补钙乳500倍

11 植物生长调节剂类物质的使用

11.1 使用原则

在苹果生产中应用的植物生长调节剂主要有赤霉素类、细胞分裂素类及延缓生长和促进成花类物质等。允许有限度地使用对改善树冠结构、提高果品品质及产量有显著作用的植物生长调节剂，禁止使用对环境造成污染和对人体健康有危害的植物生长调节剂。

11.2 允许使用的植物生长调节剂及技术要求

主要种类：苄基腺嘌呤、6-苄基腺嘌呤、赤霉素类、乙烯利、矮壮素等。

技术要求：严格按照规定的浓度、时间使用，每年最多使用一次，安全间隔期在20天以上。

11.3 禁止使用的植物生长调节剂

禁止使用的植物生长调节剂有比久、萘乙酸、2,4二氯苯氧乙酸（2,4-D）等。

12 果实采收

12.1 适时采收

根据品种的成熟度和市场用途，适期分批采收。一是根据果实的生育天数；二是根据果实色泽、肉质、风味、香气与种子颜色等。应用时，将上述方法结合起来，以确定采收期。

12.2 采收方法

采收时要轻拿轻放，以防擦伤或刺伤果实。果实不要直接放在地面，避免与土壤直接接触，造成果皮的再次污染。

13 贮藏包装

果实采收后，经预冷后进窖或气调库贮藏。贮藏期间应注意降温、通风换气，避免与有害物质接触。包装材料应选择无毒、无味的安全材料。

2005—2020年静宁县苹果产业发展趋势图

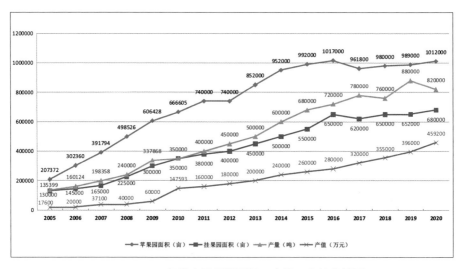

2005—2020年静宁县果园面积、产量、产值曲线图

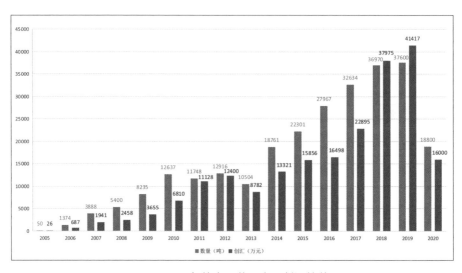

2005—2020年静宁县苹果出口创汇柱状图

静宁苹果新闻报道选粹

1.《静宁苹果出口国际市场》，人民日报，2007年12月16日，李战吉。

2.《静宁农民靠科技借果品致富》，农民日报，2008年9月4日，吴晓燕、李夏、陈宝全。

3.《甘肃静宁：小苹果做成大产业》，中央电视台《新闻联播》，2009年10月29日，缪中发、李瑞兰。

4.《沙里淘出"金果"——记甘肃静宁三北工程经济型发展模式》，科技日报，2009年11月24日，胡丽娟。

5.《产业"接力"苹果"繁茂"——静宁拉长果品产业链强县富民纪实》，甘肃日报，2009年12月9日，惠程华、陈宝全。

6.《甘肃静宁：加长果品产业链　苹果成增收主力》，中央电视台综合频道、新闻频道，2010年7月24日，周尚业、缪中发、许国勇、李瑞兰。

7.《当农业插上信息化的翅膀》，人民日报，2010年12月5日，冯华。

8.《静宁苹果的"园艺"革命》，甘肃日报，2011年7月7日，陈宝全。

9.《静宁向百万亩优质苹果县迈进》，甘肃日报，2012年4月24日，王朝霞、陈宝全。

10.《苹果　让静宁农民活出尊严》，甘肃日报，2012年10月11日，曹剑南、陈宝全。

11.《苹果大县的新追求——温家宝总理在静宁果农来信上批示后续报道》，甘肃日报，2013年2月28日，马效军、吴梦寒。

12.《党群双向互动干群双向受益 增进百姓福祉加快小康进程——全县联村为民富民行动静宁现场会典型经验摘登》，甘肃日报，2013年11月2日。

13.《因地制宜上项目 区域规划搞发展——甘肃省静宁县建成全国苹果产业基地》，中国贸易报，2014年8月25日，田遂林。

14.《苹果产业成就品牌村》，农民日报，2015年2月27日，买天、王雄雄。

15.《兄弟农场：为山乡苹果插上互联网翅膀》，中国青年报，2015年5月1日，马富春、王雄雄。

16.《"一带一路"为静宁苹果打通出路》，中国绿色时报，2015年5月14日，王涛、李娟淑。

17.《农民贾喜院和"宜苹果"的故事》，农民日报，2015年10月31日，宋修伟。

18.《众筹模式卖苹果》，甘肃日报，2015年12月7日，孙海峰。

19.《静宁 小苹果"写"出脱贫"大文章"》，甘肃日报，2016年1月15日，惠程华、李娟淑。

20.《商务部门推静宁苹果卖全球》，国际商报，2016年3月29日，黄智杰、柳继明。

21.《借力"苹果之乡"建设美丽乡村——静宁县扎实推进新农村建设的做法与成效》，甘肃日报，2016年6月20日。

22.《打通"大动脉"，果农搭上电商顺风车》，经济日报，2016年7月18日，刘畅。

23.《甘肃静宁：小小苹果推进农业供给侧改革》，中央电视台财经频道，2016年9月14日，静宁电视台报送。

24.《静宁苹果签下10亿大单》，甘肃日报，2016年10月16日，惠程华。

25.《静宁苹果不过"双11"》，中国青年报，2016年11月12日，史额黎。

26.《静宁苹果"南行"记》，中国果菜，2017年第一期，何鹏峰。

27.《我省首个自主知识产权苹果新优品种大面积推广》，甘肃日报，2017年5月19日，惠程华。

28.《县委书记卖苹果》，人民日报，2017年6月28日，柴秋实。

29.《缅甸媳妇黄土高坡种出"脱贫果"》，中国青年报，2018年11月6日，马富春、王雄雄。

30.《甘肃静宁："一园六区"促产业扶贫提质增效》，中国产经新闻，2019年4月23日，杜文科、李征兵、李娟淑。

31.《甘肃静宁：40万果农谱写"苹果传奇"》，中国产经新闻，2019年10月18日，杜文科、李娟淑。

32.《静宁苹果产销两旺　果农"增产稳收"》，甘肃日报，2019年11月8日，李近远、顾丽娟。

33.《刘连明和他的"水晶秦冠"》，农民日报，2020年1月22日，王雄雄、闫必达、买天。

34.《静宁农民捐赠武汉江夏3000箱爱心苹果》，农民日报，2020年2月29日，王夫之、李鹏程、何红卫、乐明凯。

35.《静宁苹果为什么这么红——静宁县苹果产业高质量发展综述》，甘肃日报，2020年3月23日，齐兴福。

36.《甘肃静宁县：依托苹果产业脱贫　年收入近40亿元》，中央电视台财经频道，2020年9月26日，马佳龙。

静宁苹果重点基地通讯录

基地名称	地　　址	负责人	电话号码
静宁县李店镇人民政府	静宁县李店镇五方河村	马喜院	13830348390
静宁县治平镇人民政府	静宁县治平镇安宁村	赵有红	13679337768
静宁县仁大镇人民政府	静宁县仁大镇深沟村	杨军宁	18740957980
静宁县贾河乡人民政府	静宁县贾河乡剪岔村	胡前东	13519037921
静宁县深沟乡人民政府	静宁县深沟乡深沟村	崔宏江	15193326228
静宁县余湾乡人民政府	静宁县余湾乡苗岘村	常　河	15293696338
静宁县新店乡人民政府	静宁县新店乡新店村	杨众举	18093318292
静宁县雷大镇人民政府	静宁县雷大镇合岘村	刘红霞	13830326202
静宁县双岘镇人民政府	静宁县双岘镇双岘村	李恩婵	13689472851
静宁县威戎镇人民政府	静宁县威戎镇北关村	祁康乐	13919503160
静宁县城川镇人民政府	静宁县城川镇靳寺村	杨　剑	13993315816
静宁县林果业投资发展有限责任公司	静宁县城川镇靳寺村	张来忠	13909337353
静宁县现代苹果高新技术示范园	静宁县城川镇红旗村	杨建锋	18793319268
静宁县现代苹果矮化密植示范园	静宁县威戎镇杨桥村	杨建锋	18793319268
静宁县35度苹果谷景区	静宁县城川镇东山梁	万德胜	18993336286
静宁县苹果国家林木种质资源库	静宁县威戎镇、城川镇	杨建锋	18793319268
静宁县果树果品研究所	静宁县城关镇东关村	李建明	13993360979

静宁苹果产业链知名企业通讯录

企业名称	地 址	负责人	电话号码
静宁常津果品有限责任公司	静宁县治平镇大庄村	常继锋	13993317113
静宁县陇原红果品经销有限责任公司	静宁县工业园区	靳玉国	13993387636
甘肃德美地缘现代农业集团有限公司	静宁县城川镇红旗村	田积林	13993307013
静宁县恒达有限责任公司	静宁县工业园区	杜少辉	18293336678
静宁县红六福果业有限公司	静宁县余湾乡	王志伟	18609333933
静宁欣叶果品有限责任公司	静宁县工业园区	裴晓江	13993366806
静宁县金果实业有限公司	静宁县城关镇西滨河路	张 骋	13919481948
静宁欣农科技网络有限公司	静宁县工业园区	程宝林	15193363113
静宁县格瑞苹果专业合作社	静宁县雷大镇	景永学	15293173831
静宁县庆源果蔬贸易有限公司	静宁县工业园区	李明孝	13359338889
静宁县润仕果业有限责任公司	静宁县李店镇薛胡村	胡笃顺	13993304176
甘肃辰宇生态农业开发集团有限责任公司	静宁县工业园区红林养殖示范区	杨 斌	13830377288
静宁县麦林果业有限公司	静宁县工业园区	陈 强	13909337028
甘肃西物优品生物科技有限公司	静宁县甘沟镇甘沟村	王 星	18610669051
静宁中正果品包装有限公司	静宁县工业园区恒达路	吴忠学	13993357361
静宁县刘晋果业有限公司	静宁县李店镇刘晋村	李小娟	15825840799
静宁红金豆极品果业有限公司	静宁县双岘镇上海村	杨洪涞	13830321927
静宁县康田果业有限公司	静宁县八里镇照世坡村	胡常有	18893339688
静宁县永盛果业有限公司	静宁县治平镇杨店村	郭智勇	13809337333
静宁县陇山红果业有限公司	静宁县金果博览城	王联战	15120434358

（续）

企业名称	地　址	负责人	电话号码
静宁润兴果业有限责任公司	静宁县治平镇雷沟村	雷振贤	13993376809
静宁县北树果业发展有限公司	静宁县治平镇刘河村	王晨星	18993356666
静宁县名品汇电子商务有限责任公司	静宁县工业园区	吴海斌	13830325611
静宁县汇丰园现代农业有限责任公司	静宁县城关镇东环路	路　云	18609330699
甘肃鑫创电子商务有限公司	静宁县工业园区	王　沛	18152231099
静宁县森源果品有限公司	静宁县治平镇大庄村	雷栓问	13830354243
静宁县润禾果业有限公司	静宁县威戎镇威戎村	李小刚	13993387176
静宁县高塬红果品经销有限公司	静宁县威戎镇新胜村	李永辉	18893400658
静宁陇园金果电子商贸有限责任公司	静宁县威戎镇北关村	戴中锋	13830337866
静宁县普兵果业贸易有限公司	静宁县城川镇高湾村	续　谦	15193390050
静宁县益亿农副产品电子贸易有限公司	静宁县深沟乡	王小红	18793341403